绿色施工
技术指南与工程应用

LÜSE SHIGONG JISHU ZHINAN YU GONGCHENG YINGYONG

宋义仲◎主编

四川大学出版社

项目策划：梁　平
责任编辑：梁　平
责任校对：傅　奕
封面设计：裴菊红
责任印制：王　炜

图书在版编目（CIP）数据

绿色施工技术指南与工程应用 / 宋义仲主编．— 成
都：四川大学出版社，2019.7（2023.12 重印）
ISBN 978-7-5690-1911-7

Ⅰ．①绿… Ⅱ．①宋… Ⅲ．①生态建筑－建筑施工
Ⅳ．① TU74

中国版本图书馆 CIP 数据核字（2019）第 138997 号

书名	绿色施工技术指南与工程应用
主　　编	宋义仲
出　　版	四川大学出版社
地　　址	成都市一环路南一段 24 号（610065）
发　　行	四川大学出版社
书　　号	ISBN 978-7-5690-1911-7
印前制作	四川胜翔数码印务设计有限公司
印　　刷	四川永先数码印刷有限公司
成品尺寸	185mm×260mm
印　　张	18.25
字　　数	441 千字
版　　次	2019 年 9 月第 1 版
印　　次	2023 年 12 月第 2 次印刷
定　　价	75.00 元

◆ 读者邮购本书，请与本社发行科联系。
　 电话：(028)85408408/(028)85401670/
　 (028)86408023　 邮政编码：610065
◆ 本社图书如有印装质量问题，请寄回出版社调换。
◆ 网址：http://press.scu.edu.cn

四川大学出版社
微信公众号

编 委 会

顾　　问：殷　涛
主　　编：宋义仲
副 主 编：卜发东　程海涛　崔洪涛　朱　锋
编委委员：张化峰　苗孔杰　汪俊波　陈德刚　刘　治　葛振刚
　　　　　肖华锋　丁金涛　伊永成　王俊增　朱子聪　丁建勇
　　　　　孙　杰　董先锐　刘海宁　张广银　赵延军　陈　文
　　　　　朱延军　谢洪栋　毕于波　王春慧　李文洲　匡艳超
　　　　　姚　强　赵夫国　王玉山　张　磊
参编人员：（按姓氏笔画顺序）
　　　　　马　凯　马桂宁　王　志　王建平　王霄鹏　尹子山
　　　　　白俊胜　任宗福　米春荣　孙冠军　杜　伟　李　涛
　　　　　李庆荣　杨宏飞　肖　衡　张　波　张吉峰　苗　林
　　　　　孟　磊　徐京安　黄长林　商圣月　韩宝龙　谭　磊
主编单位：山东省建筑科学研究院有限公司
　　　　　山东土木建筑学会
参编单位：中铁十四局集团有限公司
　　　　　烟建集团有限公司
　　　　　青建集团股份公司
　　　　　天元建设集团有限公司
　　　　　济南城建集团有限公司
　　　　　中建八局第一建设有限公司
　　　　　中建八局第二建设有限公司
　　　　　山东三箭建设工程管理有限公司

威海建设集团股份有限公司

山东天齐置业集团股份有限公司

山东省建设建工（集团）有限责任公司

中建三局第一建设工程有限责任公司

山东省建设监理咨询有限公司

济南黄河路桥建设集团有限公司

山东菏建建筑集团有限公司

山东滨州城建集团公司

山东瑞森建筑工程有限公司

临沂市政集团有限公司

青岛市政空间开发集团有限责任公司

山东道远建筑工程有限公司

中铁十一局集团有限公司

青岛博海建设集团有限公司

山东建科特种建筑工程技术中心

山东滕建建设集团有限公司

德州振华建安集团有限公司

前　　言

　　施工阶段是实现建筑全生命期绿色发展的重要环节，绿色施工技术创新是实现施工阶段绿色发展目标的基础支撑，是实现建设行业转型升级的重要保障。为了持续推动建设领域绿色发展、助力新旧动能转换，山东省建筑科学研究院有限公司、山东土木建筑学会会同有关单位共同编写了本书。

　　本书共分 13 章，主要内容有基坑与隧道工程技术、地基与基础工程技术、钢筋工程技术、混凝土工程技术、钢结构工程技术、模板与脚手架技术、信息技术、施工设备应用技术、永临结合技术、临时设施装配化和标准化技术、施工现场环境保护技术、其他技术、工程应用等，内容翔实，数据可靠，具有很强的可操作性、系统性和较高的参考价值，对推动绿色施工具有重要的指导性意义。

　　全书由宋义仲主编。第 1 章基坑与隧道工程技术由苗孔杰负责编写，第 2 章地基与基础工程技术由程海涛负责编写，第 3 章钢筋工程技术、第 4 章混凝土工程技术由汪俊波负责编写，第 5 章钢结构工程技术由丁金涛负责编写，第 6 章模板与脚手架技术由伊永成负责编写，第 7 章信息技术由孙杰负责编写，第 8 章施工设备应用技术由王俊增负责编写，第 9 章永临结合技术由陈德刚负责编写，第 10 章临时设施装配化和标准化技术由肖华锋负责编写，第 11 章施工现场环境保护技术由董先锐负责编写，第 12 章其他技术由崔洪涛负责编写，第 13 章工程应用由葛振刚、肖华锋、朱子聪、陈德刚、丁金涛负责编写，全书由朱锋、卜发东、米春荣、李文洲、张化峰、程海涛统稿并整理。

　　在本书的编写过程中，我们参考了大量文献资料及工程案例，特向提供资料及工程案例的个人、单位表示由衷的感谢！特别向给予指导和支持的山东省住房和城乡建设厅节能科技处、参编各单位表示衷心感谢！

　　如书中出现谬误之处，欢迎读者指正，并愿与读者共同探讨。

目　　录

1 基坑与隧道工程技术

1.1 基坑截水帷幕技术

1.1.1 适用条件和范围

该技术适用于基坑工程中地下水位高于基底标高且需要进行地下水控制的场地。

1.1.2 技术要点

基坑施工过程中,通过在基坑周边设置竖向截水帷幕或在基坑底部设置水平截水帷幕,可有效阻止或减少基坑侧壁及坑底地下水的流入,坑内采用降水抽排方式保证基础施工正常进行。截水帷幕可采用水泥土桩(墙)、混凝土桩(墙)、钢板桩等,一般包括高压喷射水泥土截水帷幕、搅拌水泥土截水帷幕、地下连续墙截水帷幕、混凝土咬合桩截水帷幕、钢板桩截水帷幕等不同类型。

截水帷幕可根据帷幕底端是否进入相对不透水层而选择落底式或悬挂式,帷幕厚度应根据基坑深度、地层与地下水情况、周边环境条件等综合确定。基坑底部有较厚透水层或坑底有承压水层,坑底可能出现流土、管涌、突涌等现象时,可在基坑底设置水平截水帷幕,与竖向截水帷幕紧密搭接,保持基坑内干作业和基础施工安全。

1.1.3 施工要求

(1) 部分支护桩(墙)可兼做截水帷幕,共同组成既挡土又挡水的基坑支护体系,如地下连续墙、拉森钢板桩、搅拌桩,见图1-1。

（a）拉森钢板桩   （b）搅拌桩

图 1-1　截水帷幕

（2）为减少坑外水土压力、确保支护结构安全，必要时可在截水帷幕上预留泄水孔，采用明排方式疏干渗入坑内的地下水。

技术应用依据：《建筑基坑支护技术规程》JGJ 120、《建筑与市政工程地下水控制技术规范》JGJ 111。

1.1.4　实施效果

基坑截水帷幕技术将基坑外及底部的水隔离在帷幕外，能有效减少地下水抽排、保护地下水资源、防止周边场地及建（构）筑物沉降。

1.1.5　工程案例

（1）万华化学上海厂房建设工程位于上海市浦东新区康桥工业园 G01-04 地块，包括1♯～5♯楼及附属楼等多个单体工程。烟建集团有限公司在 2015 年 6 月—2016 年 5 月的施工过程中，通过使用双轴水泥土搅拌桩作为截水帷幕，隔绝了基坑外地下水的渗入，减少了基坑内降排水的施工投入。

（2）烟台市某改造综合管廊工程（南起港湾大道与海港工人大道交叉口，北至海港工人大道北端）采用四舱矩形断面，长度约为1400 m、管廊净高2.6 m、宽度10.85 m、覆土厚度 2.5~4.5 m。烟建集团有限公司采用截水帷幕，成功解决了该地质条件下基坑受海水潮汐影响大、易透水等问题。

1.2　复合土钉墙支护技术

1.2.1　适用条件和范围

该技术适用于开挖深度不超过15 m、基坑侧壁安全等级为二或三级的基坑。

该技术适用地层条件为黏土、粉质黏土、粉土、砂土、碎石土、全风化及强风化岩，夹有局部淤泥质土的地层中也可采用。

1.2.2 技术要点

复合土钉墙是由土钉墙与预应力锚杆、微型桩、截水帷幕中的一种或几种组合成的复合支护体系，主要有截水帷幕复合土钉墙、预应力锚杆复合土钉墙、微型桩复合土钉墙、截水帷幕－预应力锚杆复合土钉墙、截水帷幕－微型桩复合土钉墙、微型桩－预应力锚杆复合土钉墙、截水帷幕－微型桩－预应力锚杆复合土钉墙等多种形式，见图1－2、图1－3。

图1－2　截水帷幕复合土钉墙　　　　图1－3　预应力锚杆复合土钉墙

复合土钉墙选型应综合考虑工程地质、地下水、周边环境、现场作业条件等因素，通过工程类比和技术经济比较后确定。地下水位高于基坑底时，应采取降排水措施或选用具有截水帷幕的复合土钉墙支护；坑底存在软弱地层时，应经地基加固或采取其他加强措施后再采用。

1.2.3 施工要求

复合土钉墙施工必须符合"超前支护，分层分段，逐层施作，限时封闭，严禁超挖"的要求，土方开挖应与土钉、锚杆施工密切结合，开挖顺序、方法应与设计工况相一致，按以下流程进行施工：

（1）施作截水帷幕、微型桩。
（2）截水帷幕、微型桩强度满足后，开挖工作面、修整土壁。
（3）施作土钉、预应力锚杆并养护。
（4）铺设、固定钢筋网。
（5）喷射混凝土面层并养护。
（6）施作围檩，张拉和锁定预应力锚杆。
（7）进入下一层施工，重复前述步骤。
技术应用依据：《复合土钉墙基坑支护技术规范》GB 50739、《建筑基坑支护技术规程》JGJ 120。

1.2.4 实施效果

复合土钉墙支护技术比大放坡方案节约用地，比排桩、地下连续墙方案节省混凝土和钢筋，施工不用泥浆，减少了大开挖的渣土消纳。

1.2.5 工程案例

青岛市地铁一号线控制中心工程位于山东省青岛市黄岛区长江西路和峨眉山路交汇处，总建筑面积119588.6 m²，地下3层，地上工艺楼10层、运营楼24层。工艺楼为框架剪力墙结构，运营楼为框架核心筒结构。基坑工程周长约509 m，基坑开挖深度约15.9~16.9 m，采用微型钢管桩－预应力锚杆复合土钉墙形式，降低造价18.15万元，节约工期15天，取得了良好的经济效益和社会效益。

1.3 套管跟进锚杆施工技术

1.3.1 适用条件和范围

该技术适用于地下水丰富、流沙、砂卵石等难以成孔地层的锚杆施工。当采用双套管法时，可用于岩溶地层锚杆施工。

1.3.2 技术要点

套管与钻杆同时钻进，避免塌孔，保证成孔效率；先注浆后拔管，确保注浆质量，保证锚杆锚固力。

1.3.3 施工要求

套管跟进锚杆施工采用锚杆钻机成孔，将外套管先打进，然后利用接有高压水泵的内钻杆将套管内土体通过钻进压力和水压力切削搅拌并稀释成泥浆后排出孔外，见图1-4。成孔完成后拔出内钻杆，进行常压注浆；随后在套管内下放钢绞线，并进行一次高压注浆；接着拔出外套管，进行二次高压劈裂注浆；待强度达到设计及相关规范要求后，进行张拉锁定等后续工序。

图 1-4 套管跟进锚杆施工

技术应用依据：《建筑边坡工程技术规范》GB 50330、《岩土锚杆（索）技术规程》CECS 22、《岩土锚杆与喷射混凝土支护工程技术规范》GB 50086、《建筑基坑支护技术规程》JGJ 120。

1.3.4 实施效果

套管跟进锚杆施工技术受地质条件变化影响较小，具有操作简便、成孔质量好、工效高等优点。套管护壁可避免塌孔后二次钻孔产生更多泥浆；先注浆后拔管，在保证注浆质量的同时可节省材料。

1.3.5 工程案例

（1）北京新机场停车楼及综合服务楼工程位于北京市大兴区，由停车楼、综合服务楼、轨道交通（北段）组成，基坑面积约100000 m²，基坑深度为18.45 m。深坑区采用桩锚支护体系，锚杆采用套管跟进施工工艺。

（2）河南省肿瘤医院门诊医技楼工程基坑开挖深度分别为11.75 m、9.75 m，基坑周长约400 m，基坑面积约10000 m²，基坑支护中锚杆施工采用套管跟进成孔施工工艺。

1.4 两墙合一地下连续墙技术

1.4.1 适用条件和范围

该技术适用于基坑周边环境条件复杂的深基坑施工。

1.4.2 技术要点

地下连续墙在基坑施工阶段作为围护结构,起挡土和止水作用;在永久使用阶段作为地下室主体结构外墙,起竖向承载和水平承载作用。通过与地下结构内部水平梁板构件的有效连接,不再另外设置地下结构外墙。两墙合一集挡土、止水、防渗和地下室结构外墙于一体,具有显著的技术和经济效果。

1.4.3 施工要求

地下连续墙施工工艺主要有挖导墙、吊放接头管、吊放钢筋笼、浇筑混凝土、拔出接头管成墙,具体施工顺序见图1-5。

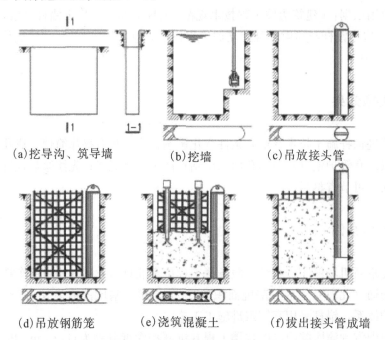

(a)挖导沟、筑导墙　　(b)挖墙　　(c)吊放接头管

(d)吊放钢筋笼　　(e)浇筑混凝土　　(f)拔出接头管成墙

图1-5 地下连续墙施工顺序

技术应用依据:《建筑基坑支护技术规程》JGJ 120。

1.4.4 实施效果

两墙合一地下连续墙技术将基坑临时围护墙与永久地下室外墙合二为一,节省地下室外墙混凝土量;地下室外墙利用地连墙,节省建造空间;减少土方开挖与回填,控制变形能力强,保护周边建筑和管线;加快施工进度,降低造价,经济、环保效果明显。

1.4.5　工程案例

（1）上海市黄浦区上海轻轨交通 9 号线西藏南路与 M8 线的十字换乘车站位于陆家浜路下，东接中华路站，西至马当路站，骑跨西藏南路。车站外包总长162.2 m，标准段外包宽度为22.9 m，为地下 3 层结构。地下一层为站厅层，地下二层为设备层，地下三层为站台层，站台宽度为12.5 m，有车站结构高度约为19.6 m，基坑开挖深度为22.8 m，顶板覆土厚度为2.9 m，车站两端各设一座端头层井，端头井平面内净尺寸为12.2 m×23.9 m，基坑对开挖深度约为24.5 m。本工程基坑支护总体上采用两墙合一地下连续墙。

（2）武汉市亢龙太子花园酒店二期（B 区）项目位于武汉市汉口中心城区，武汉市建设大道与新一华下路的交通路口处。总建筑面积13865 m²，其主楼地面以上 48 层，裙楼地面以上 6 层，主楼及裙楼下满铺三层地下车库。基坑周长约250 m，基坑开挖面积约3600 m²，基坑开挖深度 13.1～14.7 m，本工程基坑支护总体上采用两墙合一地下连续墙与三道环形混凝土内支撑的支护方式。

1.5　工具式钢结构组合内支撑施工技术

1.5.1　适用条件和范围

该技术适用于采用内支撑的基坑支护工程。

1.5.2　技术要点

该技术利用组合式钢结构构件截面灵活可变、加工方便、施工速度快、支撑形式多样、计算理论成熟、施工安全、适用性广的特点，可在各种地质情况和复杂周边环境下使用。工具式钢结构组合内支撑可拆卸重复利用，周转次数多。

1.5.3　施工要求

工具式钢结构组合内支撑见图 1-6，标准组合件跨度为 8 m、9 m、12 m 等；竖向构件高度为 3 m、4 m、5 m 等；受压杆件的长细比不应大于 150，受拉杆件的长细比不应大于 200。

图1-6 工具式钢结构组合内支撑

技术应用依据：《建筑基坑支护技术规程》JGJ 120、《钢结构工程施工质量验收规范》GB 50205。

1.5.4 实施效果

材料可多次循环利用，减少垃圾产生、减少噪音，工效高。

1.5.5 工程案例

（1）广州地铁运营指挥中心基坑工程位于广州市海珠区万胜围地铁站西南侧，其中B区基坑宽度约75 m，长度约136 m，开挖深度15.45 m，采用三轴搅拌截水帷幕＋旋挖灌注桩＋预应力鱼腹梁钢支撑支护系统。

（2）天津市海河隧道工程全长4.2 km，其中穿越海河采用沉管施工工艺。该工程基坑最深为沉管隧道岸边连接段基坑，基坑宽度为40.6～46.6 m，开挖深度27.5 m，距离海河约13 m，共设7层支撑，除第一、第四层为混凝土支撑外，其余为钢支撑。岸边连接段基坑施工与干坞开挖同期进行，采取分层开挖支护，采用提前降水、先撑后挖的方法施工。该组合体系由500 mm×14 mm工具柱和609 mm×16 mm钢支撑、混凝土支撑、系梁组成。

1.6 面层混凝土湿喷技术

1.6.1 适用条件和范围

该技术适用于隧道、地铁、矿井、深基坑等地下工程及高边坡支护面层喷射混凝土施工工程。

1.6.2 技术要点

混凝土湿喷工艺原理是通过建立调节混凝土初凝作用的双体系实现的。第一步由缓凝剂完成。将缓凝剂以一定的掺量加入搅拌机里的新拌混凝土，使水泥颗粒发生疏水作用并保持混凝土新鲜。第二步由速凝剂完成。在湿喷机喷嘴处用气流将速凝剂加入黏流状态的混凝土，用于引发混凝土黏度突然下降，这称作"黏度衰减效应"。同时，速凝剂能够使混凝土在黏度突然下降前保持有可塑性和触变性，所以混凝土表面湿软，能与以后喷射的混凝土料较好地黏合，回弹率降低。

喷射混凝土附着力较好、密实度较高、回弹率低。该技术操作人员较少，机械化程度高，劳动强度显著降低。施工过程产生的粉尘少，作业环境得到极大改善，有利于劳动人员的身体健康。混凝土湿喷示例见图1-7。

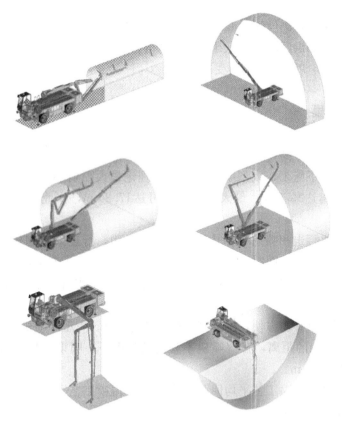

图1-7 混凝土湿喷示例

1.6.3 施工要求

（1）施工配料严格按配合比进行操作，尤其要注意控制碎石参量，碎石多易堵管，碎石少又影响混凝土的强度。最大骨料直径为20 mm，砂石比例约 2：1，水灰比为 0.50～0.55，泵送混凝土坍落度控制在 100～220 mm之间（160～200 mm为最佳）。

（2）严格控制风压。一般风压控制在0.75 MPa左右风压太小，会使喷射力减弱，无法满足喷射混凝土的黏结密实要求；风压太大，喷射混凝土一触及岩面就会被后续的强大冲击力吹走。二者都会加大骨料的反弹，从而直接造成回弹的增加。

（3）无钢筋网喷射时，喷嘴尽量垂直岩面成90°，并偏向刚喷射部位（倾斜角控制在10°内），保持0.8～2 m的距离，以确保混凝土的密实效果。对挂有钢筋网的受喷面，喷嘴应略倾斜，距离宜控制在0.6～1.0 m的范围内。

（4）从隧道最低处开始由下而上、以S曲线移动进行喷射；从隧道两侧边墙底部开始喷射，喷射到拱顶中心线位置闭合。

（5）喷头均匀地按螺旋轨迹运行，顺时针，一圈压半圈，缓慢移动，每圈直径150～200 mm；若受喷面不平，应先喷凹坑找平。

（6）在喷射混凝土终凝1 h后进行洒水养护，保持喷射面湿润，养护时间不少于7 d。

（7）冬期施工时，洞口喷射混凝土的作业场合应有防冻保暖措施；作业区的气温和混合料进入喷射机的温度均不应低于5℃；不得在结冰的层面上进行喷射混凝土作业；混凝土强度未达到6 MPa前，不得受冻。

1.6.4 实施效果

（1）施工作业效率高：大型湿喷机喷射速度快，效率高。

①在正常情况下施工，大型喷射机每小时理论最大喷射能力30 m³；作业范围大，一次定位喷射距离达15.5 m；最大喷射高度可达17.26 m，作业效率相当于干喷机的4倍。

②大型湿喷机行走和喷射臂由内燃发动机作动力，行走采用四轮驱动，行走速度快，大型湿喷机到达工作面时，只需要将电缆卷筒的电缆接头连接在配电箱内，前后支腿支起，使用无线遥控器将大臂和小臂移动到待喷部位，整个过程只需要10 min左右，准备时间短。

③喷射范围广且移动方便，能提高作业循环的速度。大型湿喷机的大臂和小臂通过油缸都可以伸缩2 m的距离，在湿喷机不移动的情况下，喷射高度可以达到17.26 m，水平距离可达到15.5 m。

（2）材料节省：干喷工艺平均回弹率为40%，湿喷工艺平均回弹率为10%，可大大降低材料浪费，节约施工成本。

（3）安全：大型湿喷机在喷浆支护的过程中，喷射操作手通过无线遥控器操作喷射臂的喷射位置和喷嘴的角度，可以避免因掌子面围岩较差而掉落石块伤人、喷射反弹料伤人等事故，同时可以减少操作人员对喷射混凝土粉尘的吸入量。

（4）质量效益：采用干喷工艺普遍存在混凝土平均强度低、匀质性差、抗渗性能差、密实性差等缺点，很难达到要求。采用湿喷工艺，混凝土集中拌合，混凝土施工配合比（水灰比、外加剂）可以得到有效控制，能大大提高混凝土施工质量。

（5）环保效益：相比而言，使用面层混凝土湿喷的喷浆料是按照配合比拌制的，属于全湿混凝土，施工时没有什么灰尘，回弹量也少，可以减少粉尘对操作人员的伤害，同时节约混凝土等材料，具有良好的环保性。

1.6.5　工程案例

仁新高速公路笔架山隧道位于广东省始兴县，隧道范围内中线高程 220.1～735.1 m，相对高差515 m，隧道最大埋深约 473.04 m，属深埋特长隧道。中铁十四局集团有限公司于 2015 年 11 月—2018 年 6 月采用的混凝土湿喷技术，具有施工机械化程度高、施工安全性强、作业环境好、工作效率高、回弹量少、经济效益和社会效益显著等诸多优点，加快了施工进度，减轻了对环境的污染，保证了隧道施工安全与质量，改善了工人的工作环境。

1.7　基坑降水回灌技术

1.7.1　适用条件和范围

该技术适用于降水量较大，或降水对周边环境有较大影响，需采取回灌以减小周边地表沉降的工程。

1.7.2　技术要点

基坑降水回灌是把抽出的地下水回补到下部含水层或工程场地外围的含水层中，不但可以减少地下水资源的浪费，而且可以局部抬高基坑周边因降水而降低的地下水位，控制土体变形，最大限度地减少其对邻近建筑物的影响。

推荐采用抽灌一体化装置进行回灌，该装置主要包括降水井、抽水泵、沉淀池、过滤器、压力罐、回灌泵、止水阀、压力表、流量计、回灌井等部件，可以设置电控系统用于远程控制压力和流量。

1.7.3　施工要求

基坑的降水量与含水层的可储水量是影响基坑回灌补源区位选择的重要因素。基坑开挖时，若其降水量远大于附近地层的可储水量，则在基坑附近进行回灌的意义并不大，另择佳地进行回灌补源更为适宜；深基坑开挖时，若其附近含水层的可储水量远大于其降水量，则在基坑附近进行回灌是首选。

采用加压回灌时，回灌压力应根据回灌试验结果进行综合设定。加压回灌采用恒定的回灌增压设备实现，对水体自然压力进行补偿，从而增加回灌压力。为了避免在回灌过程中对地下水造成二次污染，需对基坑抽出地下水进行处理后才能回灌，具体水处理内容应在抽水试验地下水质分析后进行综合确定。

1.7.4　实施效果

基坑内抽取的地下水，多数回灌到地下土层中，剩余部分用于混凝土养护和喷淋降尘用水，既节约水资源，又能保护施工现场环境，有效控制施工现场扬尘。

1.7.5　工程案例

济南市轨道交通 R1 号线地下段土建工程一标段的王府庄站、大杨庄站标段（包括玉符河站至王府庄站区间明挖段）可分为路基段、U 型槽段及明挖暗埋段（含盾构井和雨水泵房）等部分。其中，路基段长 82.90 m，U 型槽段长 355 m，明挖暗埋段长 312.056 m。由于部分里程开挖深度大，地下水水位高，需要降低地下水位，保证基坑开挖安全，对于里程 K27+087.056～K26+890.000 段，卵石层进入或接近底板，初始水位高于开挖面，设计整体控制水头至基坑开挖底面以下 1 m。2016 年 3 月—2016 年 10 月，该标段成功应用了该降水回灌技术，见图 1-8。

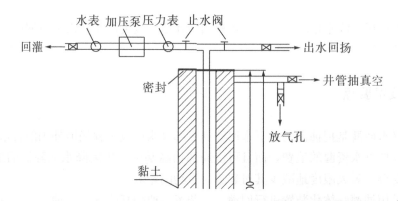

图 1-8　回灌系统装置

1.8 泥浆处理技术

1.8.1 适用条件和范围

该技术适用于地下连续墙、泥水盾构、泥浆护壁钻孔桩的泥浆处理。

1.8.2 技术要点

泥浆处理技术主要包括固液分离和泥浆分离循环技术，见图 1-9。固液分离是通过沉淀、挤压、甩干三个环节对施工后的泥浆进行固液分离，分离出来的泥饼较原泥浆的体积缩减了 70% 以上，分离出来的尾水可进行绿化、混凝土养护、道路洒水等，实现泥浆零排放。泥浆分离循环的重点在于，通过泥水分离设备筛分处理，将指标性能合格的泥浆进行循环使用，对于不达标泥浆进行弃浆压滤处理，满足环保要求后方可外运。通过多次重复利用，可大幅度减少水、添加剂使用量，提高工效。

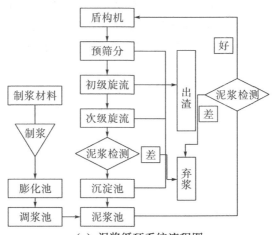

（a）泥浆循环系统流程图

（b）泥水处理设备整机图

图 1-9　泥浆处理技术

1.8.3 施工要求

泥浆处理过程分为以下几个步骤：泥浆预筛分→初级旋流→次级旋流→脱水筛→泥浆收集→泥浆改性→压滤→排水→隔膜压榨→吹气脱水→卸料→管路冲洗。全部压滤流程均为 PLC 自动控制，自动进行压滤流程切换；压滤后渣料含水率可低至 23%，可以直接装车外运。压滤后回收的清水直接回调浆池与次级旋流后的泥浆混合，使比重还原到进泥所需之值。

1.8.4 实施效果

固液分离，无泥浆排放；过滤出的尾水可循环使用；减少泥浆外运。

1.8.5 工程案例

杭州市望江路过江隧道工程位于西兴大桥（三桥）与复兴大桥（四桥）之间，盾构段总长约1837 m，主要位于钱塘江水域内。盾构主要开挖层为淤泥质粉质黏土、粉质黏土、细砂和圆砾，穿越土层软硬不均。盾构隧道土层颗粒自上而下呈"由细渐粗"式变化，土层特性差异性较大。隧道覆土厚度变化大，隧道埋深 10.5～25.51 m。受冲刷和潮汐的影响，河床处于动态变化中。本工程采用两台盾构机施工，从江南工作井始发，向北掘进下穿钱塘江后，到达江北盾构工作井拆卸吊出。项目结合项目场地情况，综合比选，选用 6 台压滤机、6 台压滤泵、2 台空压机、3 个待压罐对废弃泥浆进行处理，达到了泥浆全部处理、废浆零排放的效果，见图 1-10～图 1-12。

图 1-10　泥浆处理系统平面布置

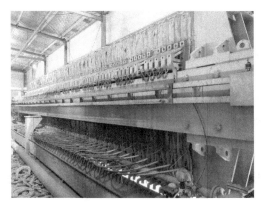
图 1-11 压滤机

图 1-12 滤饼

1.9 混凝土内支撑切割技术

1.9.1 适用条件和范围

该技术适用于基坑工程混凝土内支撑拆除。

1.9.2 技术要点

对拟切除的混凝土实体进行分格排版,用金刚石薄壁钻或绳锯进行切割,采用水冷却,降温、降尘。

1.9.3 施工要求

金刚石薄壁钻或绳锯拆除法是金刚石绳索在液压马达驱动下绕切割面高速运动研磨切割体,完成切割工作。由于使用金刚石单晶作为研磨材料,故此可以对石材、钢筋混凝土等坚硬物体进行切割。切割前期利用金刚石绳把要切割的钢筋混凝土支撑梁抱捆固定,然后利用液压泵站驱动锯架上的气缸,在切割的过程中气缸不停地往锯架上方行走,待气缸行走到一定位置之后,所要切割的混凝土块即将切割完成。切割过程中不但操作安全方便而且震动和噪音很小,被切割物体能在几乎无扰动的情况下被分离,见图1-13。切割时,高速运转的金刚石绳锯需靠水冷却,并将研磨碎屑带走。

图1—13 混凝土内支撑切割

技术应用依据：《建筑基坑支护技术规程》JGJ 120、《建筑拆除工程安全技术规范》JGJ 147。

1.9.4 实施效果

该技术极大地减小了拆除过程中对主体结构、基坑围护结构的扰动，确保了工程质量和施工安全，同时降低了噪声和粉尘，改善了工人作业环境，有效地保护了环境。

1.9.5 工程案例

（1）深圳市轨道交通六号线二期工程主体工程翰林站基坑围护结构采用钻孔桩和内支撑的支护形式。支撑体系：内支撑采用竖向3道支撑：第一层采用800 mm×1000 mm的钢筋混凝土支撑，支撑在冠梁上；第二层支撑采用$\varnothing$800 mm钢管支撑（20 m）和600 mm×1000 mm混凝土支撑，支撑在45b双拼工字钢钢围檩和800 mm×1000 mm混凝土腰梁上；第三层支撑采用$\varnothing$609（$t=16$ mm）钢支撑和600 mm×1000 mm混凝土支撑，支撑在双拼45c工字钢钢腰围檩和800 mm×1000 mm混凝土腰梁上。该支撑采用了金刚石薄壁钻或绳锯技术进行切割拆除。

（2）上海复兴地块办公用房项目位于上海市黄浦区，东侧为外马路，西侧为中山南路。基坑工程采用顺作法施工，基坑分1区、2区先后实施。1区基坑内竖向设置四道临时钢筋混凝土支撑，第一道钢筋混凝土支撑及围檩混凝土强度等级为C30，第二~四道钢筋混凝土支撑及围檩混凝土强度等级为C40。2区基坑内竖向设置四道临时钢筋混凝土支撑，第一道钢筋混凝土支撑及围檩混凝土强度等级为C30。本工程采用金刚石薄壁钻或绳锯进行切割拆除。

1.10 逆作法施工技术

1.10.1 适用条件和范围

该技术适用于工期紧张、周边环境保护要求高、缺少施工场地的深基坑工程项目。

1.10.2 技术要点

逆作法施工以排桩式地下连续墙等形式为基坑围护结构、挖孔桩和钢管柱为承重结构、地下室梁板系统为基坑内支撑系统，自上而下逐层进行土方开挖和结构施工，从而达到分层开挖分层支护的目的。

按照地下结构从上至下的工序先浇筑楼板，再开挖该层楼板下的土体，然后浇筑下一层的楼板，开挖下一层楼板下的土体，这样一直施工至底板浇筑完成。在地下结构施工的同时进行上部结构施工，也可待地下结构完成后再施工上部主体结构；同时也包括逆作法施工过程中涉及的垂吊模板技术、回筑技术、一柱一桩技术、立柱桩调垂技术等。

1.10.3 施工要求

工艺流程：支护桩及高压旋喷截水帷幕或地连墙等维护结构施工→钢管混凝土立柱桩的施工→降水→地下梁板施工→地下土方开挖→地下基础筏板→地下柱墙施工→地上结构施工。

施工顺序：先沿建筑物地下室轴线（地下连续墙也是地下室结构承重墙）或周围（地下连续墙等只用作围护结构）施工地下续墙或其他支护结构，同时在建筑物内部的相关设计位置设置中间支承桩和柱，作为施工期间（地下室底板浇筑之前）承受上部结构自重和施工荷载的支撑。然后施工地面一层的梁板结构，作为围护结构的支撑体系，施工地面一层梁板结构之前，也可先进行盆式大开挖，这样有利于土方工程的进行，节约施工工期，但是土方开挖的深度以及盆边土的留设都必须经过设计，满足支护结构的设计要求方可进行。随后逐层向下开挖土方和浇筑各层地下梁板结构，直至底板封底。与此同时，由于地面一层的楼面结构已完成，为上部结构的施工创造了条件，可以同时向上逐层进行地上结构的施工。

技术应用依据：《地下建筑工程逆作法技术规程》JGJ 165。

1.10.4 实施效果

逆作法围护墙支撑体系所需费用比传统深基坑内支撑支护所需费用低，而且逆作法缩短总工期，节约费用。

通过逆作法施工节点的控制保证了施工质量；通过逆作法施工，保证了深基坑的支护及周围建筑、管线的沉降变形符合规范要求，并保证了基坑、结构施工及周围建筑的安全。

在逆作法施工中，土方开挖后是利用地下室自身来支撑作为支护结构的地下材料的外运，避免了环境的污染。另外，逆作施工实现了顶板的封闭，可有效减少施工噪音与扬尘污染，防止施工造成的城市环境污染。

1.10.5　工程案例

荣成旭日公馆工程地下 2 层，地上 31 层，建筑高度102.6 m，建筑面积5.3 万 m²。基坑大致呈正方形分布，南北长约56 m，东西长约55 m，现场可用场地非常狭小。烟建集团有限公司采用逆作法施工（见图 1−14），解决了场地狭小、中风化地质条件下深基坑支护问题；周围建筑、管线变形沉降均满足规范要求。工程总工期缩短 35 天，降低总工程造价 6%，降低了能耗及环境污染，取得了良好的经济和社会效益。

图 1−14　逆作法施工

1.11　水压爆破技术

1.11.1　适用条件和范围

该技术适用于隧道、路堑边坡、采石场岩石爆破。

1.11.2　技术要点

水压爆破由于炮孔中装填了水袋和炮泥（见图 1−15），利用水的不可压缩的特性，无损失传递炸药能量，有利于围岩破碎，产生的"水楔"作用进一步破碎岩石，还可以防止岩爆。炮孔最底部的水袋代替炸药卷，利用在水中的反射波作用不但可延长爆破作用时间，而且水楔作用效果更好，更有利于岩石破碎。同时，水和炮泥的复合堵塞作用有效利用了爆破生成的膨胀气体，对围岩产生了最后的破碎效果。炮孔中有水，爆破产生的水雾也起到了良好的降尘作用。

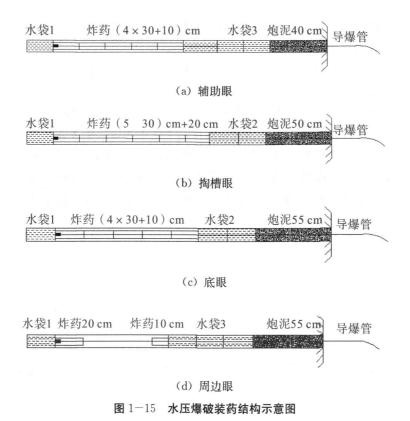

（a）辅助眼

（b）掏槽眼

（c）底眼

（d）周边眼

图 1-15　水压爆破装药结构示意图

1.11.3　施工要求

（1）往炮眼中的一定位置装入一定量的水。一定位置是指炮眼底部和炮眼的中上部，一定量的水是指水袋的直径与长度。

（2）注水长度与炮泥回填堵塞的长度的最佳比例为 1：1 或 1：0.9。

（3）炮眼底注水长度约为 1 个水袋（约 200 mm）。

（4）从炮孔底部到炮孔口依次装填水袋、炸药、水袋、炮泥，相互之间的连接必须紧密，装填水袋时用炮棍轻轻推到炮孔一定位置，回填堵塞炮泥。除与水袋接触的炮泥之外，其余回填堵塞的炮泥要用炮棍捣固坚实。

（5）施工时应注意清洗炮孔，防止有棱角的碎石在填塞水袋时造成水袋漏水，失去水压爆破效果。

（6）水袋要盛满水，封口密实，合格的水袋坚实挺拔，方便装填炮孔。

（7）在使用前的 2~3h 内制作炮泥，以免时间过长，炮泥失水变硬。

1.11.4　实施效果

爆破后可提高炮眼利用率，不留或很少留残孔，水雾降尘，压缩时间，减少施工通风时间。由于水压爆破后洞室成型规整，超欠挖少，可减少出渣量，减少幅员修理工作量和扒碴、运碴时间，节省劳力，降低器材消耗，可大大降低劳动强度，减少喷射混凝土工作量和二次衬砌的回填量，减少20％的炸药消耗量。

爆破完成后，洞室成型规整、光滑，接近设计轮廓线，周边岩石受力性能好，应力分布均匀，提高了围岩的自身承载能力强，有利于围岩稳定，有效减少了应力集中引起的塌方和落石等现象，降低了事故发生概率，避免了人员伤亡，提高了施工安全保障；并能减少放炮后的排险时间，直接或间接地提高了施工速度。由于水压爆破减震效果十分明显，可以进一步确保周边建筑物的安全，保证路面交通的顺畅和其他设施的安全。

水压爆破能够降低爆破振动速度，有效降低了爆炸冲击波的强度，改善了洞内作业环境。水压爆破掌子面的雾化效果明显，缩短了通风时间，洞内粉尘浓度下降69％，保护了施工人员的身心健康。

1.11.5 工程案例

仁新高速公路笔架山隧道和坪田隧道位于广东省，均为双向六车道设计，开挖断面大，其中笔架山隧道左洞长3800 m、右洞长3793 m，坪田隧道左洞长2831 m、右洞长2800 m。中铁十四局集团有限公司于2015年11月—2018年5月施工期间采用了水压爆破技术，提高了开挖施工效率、降低了施工成本，同时在安全、质量及环保方面均取得了较好的效益。

1.12 超浅埋暗挖施工技术

1.12.1 适用条件和范围

该技术适用于下穿既有市政道路、两侧建筑密集、管线复杂、埋深浅等各类不适合明挖地段的工程施工。

1.12.2 技术要点

超浅埋暗挖隧洞施工，一方面需保证地上建筑物、交通行驶安全，另一方面需保证洞内施工安全。该技术主要利用大管棚和超前小导管对土体进行注浆加固，利用拱效应及支撑梁原理，工人在"梁"和"拱"下作业；同时，通过采取缩短台阶长度、及时封闭成环、拱架及时接腿等措施，尽早对拱架上方土体进行支撑，减少周边土体变形。

为解决小断面长距离暗挖面临的机械操作空间受限、材料运输不便等问题，在开挖过程中，利用小型挖掘机单向进退式开挖掏土，掏土时注意对拱脚土体的保护，避免掏空拱脚；对于初期支护施工，经过研究，制作并应用了拱架提升与卸车机具，解决了洞内人工卸车的难题；对于二衬施工，专门制作了移动台车模板，钢筋、混凝土施工分段流水作业，大大提高了施工效率。

1.12.3　施工要求

超浅埋暗挖施工技术主要包括超前大管棚、隧洞开挖、初期支护、超前小导管高压注浆、二次衬砌、监控量测等关键工序，见图1-16～图1-20。

（a）管棚施工

（b）管棚注浆

图1-16　超前大管棚

（a）机械开挖

（b）人工修整

图1-17　隧洞开挖

图1-18　初期支护

图1-19　超前小导管施工

　　　(a) 底板钢筋绑扎　　　　　(b) 拱部钢筋绑扎　　　　　(c) 衬砌砼浇筑

图 1-20　二次衬砌

技术应用依据:《城市供热管网暗挖工程技术规程》CJJ 200。

1.12.4　实施效果

减少噪声、扬尘及光污染,减少土方开挖及施工用地占用。

1.12.5　工程案例

济南市中央商务区天辰路雨水沟过奥体西路暗挖段工程位于山东省济南市,在该项工程的实施过程中,中铁十四局集团有限公司采用超浅埋暗挖施工技术,减少了施工噪声、扬尘及光污染,减少了土方开挖及施工用地占用,工程质量均满足要求,环保效益显著。中铁十四局在全线对该技术进行了推广应用。

1.13　硬岩顶管施工技术

1.13.1　适用条件和范围

该技术适用于岩层强度不大于80 MPa、地下水丰富地段,尤其适用于临近既有建(构)筑物且不适合明挖的工况。

1.13.2　技术要点

采用岩层顶管机,借助于主顶油缸的推力,将运转的岩层顶管机从工作井中沿轴线方向不断推进到接收井,同时,管道紧随岩层顶管机后进行敷设,是一种非开挖管道的施工方法。其中,岩层顶管机的刀盘通过电动机带动小齿轮,然后将产生的扭矩传动到设在中心的大齿轮上。大齿轮与主轴及轧辊连接成一体。工作时,顶管机刀盘在一边旋转切削岩层的同时一边作偏心运动把石块破碎。被破碎的石块进入顶管机的泥浆仓,然后从排浆管中被排出。

　　岩层顶管机机头是合金材料，切削能力强，机头面积和掌子面面积相等，保证了机头和掌子面同时推进且可以24 h不停施工。通过全站仪发出不可见光，机头内部的十字板接受光源后，把掘进的轴线与高程反馈到中央控制台进行实时纠偏。机头在固定的轴线上掘进，不会扩大掌子面扰动周围土层。

　　主要设备包括硬岩顶管机、中央控制台、主顶油缸、进水泵、排泥泵等，见图1-21。

（a）硬岩顶管机　　　　　　　　（b）中央控制台

图1-21　顶管设备

1.13.3　施工要求

　　硬岩顶管施工流程与过程如图1-22、图1-23所示。施工中还应做好泥浆管理、纠偏控制及顶管结束后的注浆充填等工作。

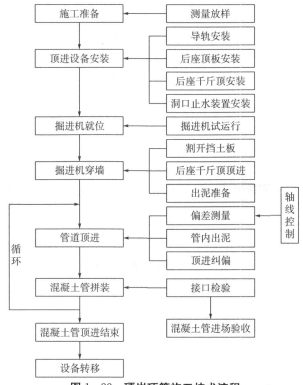

图1-22　硬岩顶管施工技术流程

初始顶进在顶管工作中起着很重要的作用：一要穿过工作井洞口，在这过程中保证洞口结构不被破坏；二要保证高程、中心偏差最小，为正常顶进打下良好的基础；三是顶进时要进行速度控制，机头入洞阶段速度控制在 30～50 mm/min，此阶段的重点是找正工具管中心、高程，将偏差控制在 ±5 mm 之内，所以速度不宜太快。同时，应检测进排浆系统是否正常。

挖掘面稳定是确保岩层顶管施工顺利进行的关键。管道纠偏是顶管工程中的一道关键控制环节，工具管在工作面围岩的压力和后续顶进设备的推理作用下很容易发生偏移，如果不及时对工具管进行纠偏处理，顶进形式的偏差将会全部留在敷设后的管道上。因此，顶管施工过程中的纠偏实质上是对工具管的纠偏。

顶管工序结束后，进行水泥浆充填，最大限度地消除因顶管施工造成的地面沉降问题，水泥浆充填可以有效地补偿顶管管外侧空隙部分，从而达到管体外侧土体密实的效果。填充完毕后，做好施工记录，并保存有关资料。注浆泵可选择脉动小的螺杆泵，流量与顶进速度相匹配。

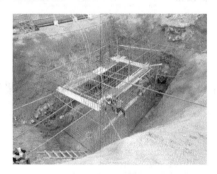

（a）工作井钢筋绑扎

（b）工作井制作完成

（c）顶进设备安装

（d）初始顶进

图 1-23　硬岩顶管施工过程

（e）正式顶进

（f）顶管吊装

（g）顶管纠偏

（h）管道注浆

（i）机头进入接收井

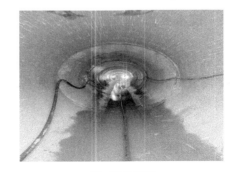

（j）管道贯通

图 1-23（续）

技术应用依据：《给水排水工程顶管技术规程》CECS 246、《硬岩顶管机施工工法》SDSJGF 732—2017。

1.13.4 实施效果

岩层顶管施工技术具有自动化程度高、操作简易、精确度控制好、节约资源、施工进尺较快等优点，有效解决了工期紧的难题，能够满足施工要求，减少对周边环境的扰动，减少土石方外运的能源损耗和排放，避免破坏生态环境，符合绿色施工理念。

1.13.5 工程案例

墨水河龙泉河综合整治工程污水管线施工工程位于山东省即墨市，顶管长度近 5000 m，管道埋深 7.06～7.53 m，周边商铺较多，同时附近建筑物年限较长，抗扰动能力较弱，两边街道直线距离仅为16 m左右，地层抗压强度等于80 MPa。中交一公局集团有限公司于 2016 年 5 月—2017 年 12 月采用硬岩顶管施工技术，施工操作简易，精确度控制好，完全满足了质量要求，节约了资源；施工进尺较快，有效解决了工期紧的难题，满足了施工要求，赢得了社会各界的好评。

1.14 隧道洞渣无公害处理技术

1.14.1 适用条件和范围

该技术适用于岩石隧道工程施工中洞渣的处理。

1.14.2 技术要点

引入碎石生产线，将岩石隧道施工产生的大量弃渣进行破碎、筛分，剔除性质较差的石渣，将其中的优质石料进行筛分加工，筛分后的石渣用作路基填料、制备机制砂、工程骨料等。

1.14.3 施工要求

碎石生产线主要包括喂料机、鄂破、料仓、喂料机、圆锥机、振动筛、锤破、振动筛、除尘器、除铁器、皮带机等设备，同时配备除尘、降噪设备，见图 1—24。

图 1—24 碎石生产线

1.14.4 实施效果

对隧道洞渣进行无害化综合利用，减少了废弃石方数量，合理利用了自然资源；减少了弃渣场土地征用、绿化及防护工程量；降低了材料及渣土运输能耗，减少了石子、片石等工程材料投入；实现了节地、节材、节能，降低了工程成本，保护了自然环境。

1.14.5 工程案例

兴延高速公路石峡隧道、营城子隧道位于北京市延庆区，石峡隧道左线长度为4291 m、右线长度为4118 m，营城子隧道左线长度为1161 m、右线长度这1168 m；开挖总实方量约170万 m³。中铁十四局集团有限公司于2017年5月—2018年12月采用隧道洞渣无公害处理技术，引入两条碎石生产线，设计产量500 t/h，将洞渣加工成工程所需的石子，减少了洞渣的弃渣场的永久征地，减少了弃渣场的防护工程量，保护了自然环境。经计算，项目部共节省弃渣场征地75亩，减少弃渣场防护面积5563 m²，节约成本2635万元。

1.15 全预制轨下结构拼装技术

1.15.1 适用条件和范围

该技术适用于地下工程隧道内部轨下结构全预制拼装施工。

1.15.2 技术要点

轨下结构需提前在工厂内预制，利用拼装机等机械设备对轨下预制结构进行快速施工。

利用边箱涵拼装机进行轨下预制结构施工，可达到3人5分钟拼装完成1块边箱涵的效果，极大提高了盾构隧道内轨下结构的施工速度，缩短了工期，节省了成本。

1.15.3 施工要求

全预制轨下结构拼装技术的具体施工步骤如下（见图1-25）：

（a）轨下全预制结构生产

（b）预制件运输

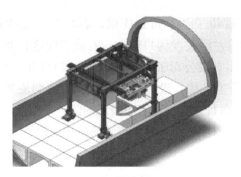

（c）拼装机

（d）轨下预制中箱涵拼装

（e）轨下预制边箱涵拼装

（f）轨下全预制结构成型效果

图 1-25　全预制轨下结构拼装施工步骤

（1）地面将检验合格且粘贴嵌缝条完毕的边箱涵预制件通过龙门吊吊装至井下，并放置于安装有边箱涵预制件专用托架的运输车上，每辆车一次可运输一环共两块边箱涵预制件。

（2）现场工人对需拼装边箱涵区域内的灰尘、积水、杂物进行全面清理。

（3）拼装机操作人员对拼装机行走系统、起吊系统、箱涵件的吊具及定位调整系统进行全面检查，一切正常后，操作人员操作拼装机前行至边箱涵拼装区域。前行过程中，尤其是在通过管片及箱涵件错台处时，利用驱动系统的变频器进行调速，以确保启动和行走平稳。同时，由于隧道具有向下的坡度，所以应利用驱动系统配备的电磁制动器对行走轮进行及时制动。

（4）拼装机到达指定位置后，起吊小车起吊箱涵件吊具至最高位置，并水平移动至最右端。箱涵件运输车在中箱涵上前进至拼装机正下方。吊具根据边箱涵在运输车上的位置误差进行回转调整，使前一块箱涵与箱涵件吊具保持横向水平。

（5）拼装手操作拼装吊机将 U 型吊具下落至合适位置，然后向左移动，使 U 型吊具的 U 型槽插入边箱涵预制件的顶部混凝土层，在插入过程中留意 U 型吊具两侧的距离检测装置，避免 U 型吊具磕碰边箱涵预制件。使用 U 型吊具上的定位装置控制 U 型吊具的停止位置，停止后使用夹紧装置夹紧边箱涵预制件。

（6）缓缓起吊边箱涵预制件，待其升至最高处且与支架完全脱离接触后，水平右移吊具，移动至最右端后，逆时针旋转吊具，使边箱涵预制件以正确的姿态处于待拼装区上方。

（7）缓慢下落 U 型吊具，当箱涵件下落至拼装位置时，伸长 U 型吊具左右两侧的电动推杆，使其末端顶紧在管片上，来实现箱涵件位置的微动精调。同时，可对边箱涵和中箱涵的接触面产生顶紧力，确保两结构件连接位置的精确度。末端的球铰结构可保证电动推杆的着力点适应管片的圆弧结构。之后松开夹紧装置，退出 U 型吊具。至此完成一块边箱涵的拼装。

（8）收回 U 型吊具，运输车前进至合适位置，重复以上步骤，进行左侧边箱涵的拼装。接下来采用螺栓通过预留孔洞将中箱涵与边箱涵连接成为一个整体。起吊后，运输车倒车离开拼装区。至此完成一环共两块边箱涵的拼装作业。

（9）待箱涵全部拼装完成后，对箱涵之间以及箱涵和管片之间的空隙处实施整体注浆，使得隧道内部轨下结构连接为一个整体。至此完成轨下结构全预制施工工作。

1.15.4 实施效果

（1）该施工方法机械化程度高，施工速度快，预制构件运至现场即可利用机械进行拼装，大大提高了工人的工作效率和机械使用效率；预制件工厂化生产可实现构件的标准化，且对其做好防护措施后不受自然环境影响，可以充分保证预制件质量，实现批量化生产。统一生产的标准性和规范性确保了预制构件几何形状的精度，大大提高了混凝土结构的美观性，同时也确保了现场施工的质量和效率，降低了损耗，达到了节约工期、节约材料的目的；另外，构件生产采用定型钢模板，可多次重复使用，节约了模板材料投入。

（2）现场施工无须周转材料，不用占用大量材料堆场，减少施工占地，节约土地，有效降低了盾构隧道的建设成本；厂制构件、养护水循环利用，减少了现浇混凝土养护时水资源浪费，节约用水，且养护质量容易控制。

（3）全预制施工不仅避免了洞内交叉施工影响，还减小了施工中对交通及环境的影响，节能环保，实现了绿色、低碳、环保的施工目标。

（4）全预制施工实现了工厂化生产、现场拼装，除后续砂浆灌封外，无现场混凝土浇筑，避免了受商品混凝土发运、天气情况等因素影响以至无法施工的问题。

1.15.5　工程案例

清华园隧道工程位于北京市海淀区，盾构段为单洞双线隧道，全长4448.5 m，隧道管片外径12.2 m、内径11.1 m，管片环宽2 m，壁厚0.55 m，轨下架构采取中间预制"口"字件（中箱涵）＋两侧预制边箱涵的结构形式。中铁十四局集团有限公司采用全预制轨下结构拼装技术，配置了箱涵拼装机1台（盾构机自带）、边箱涵拼装机1台、边箱涵专用运输车1辆、箱涵运输车1辆。施工进度快，占用井下空间小，节省人工及材料成本，保证了施工的进度及安全要求，节地、节材、节能，减少了污染，环保效果显著，取得了显著的经济效益和社会效益。

1.16　装配式管廊施工技术

1.16.1　适用条件和范围

该技术适用于城市地下综合管廊、大型厂区电缆管廊、城镇暗渠及截洪渠等各种装配式地下管廊施工。

1.16.2　技术要点

在预制工厂内根据每（单）跨管廊的长度准备节段预制的模具，已浇节段的后端面与待浇节段的前端面结合，形成匹配接缝来确保相邻节段块体拼接精度，直至完成整跨综合管廊节段的预制。将在预制工厂生产的节段通过运输车辆运输至现场，用架桥机或龙门吊等专用拼装设备在施工完成的管廊基础上按次序逐块组拼，节段间采用胶拼，整跨胶拼完成后，可根据设计要求施加体内预应力，使之成为整体结构，并沿预定的安装方向采用逐跨拼装、逐跨推进的施工工艺。

1.16.3　施工要求

装配式管廊施工包括预制构件制作、运输、拼装等流程，见图1－26～图1－34。

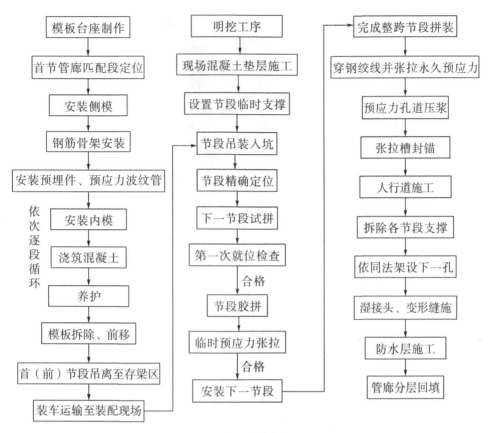

图 1-26 装配式管廊施工流程

图 1-27 钢筋骨架

图 1-28 模具安装

预留垫块

预留孔道

图1-29　模具预留件

图1-30　混凝土振捣

图1-31　蒸汽养护

图1-32　防水卷材铺设

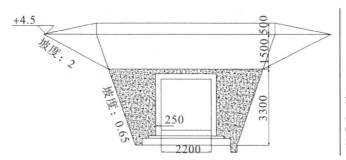

图 1-33　管廊回填示意图

图 1-34　拼装后的管廊

　　管廊预制应采用定型钢模板，模具主要由底座、底模、内膜、外模构成。由专业班组对整体模具进行检查、验收、组装、调试。在模板涂刷完脱模剂后，使用龙门吊把绑扎完成的成品钢筋笼吊装至组装好的模具里面，待钢筋笼入模就位后，进行合模与加固。

　　管廊构件采用棚式无压蒸养方式，根据混凝土强度上升原理，控制蒸汽养护升温、降温的时间及幅度。蒸汽养护可以分为电蒸养设备养护、锅炉养护等，其中电蒸养相对节能环保，同时也比较方便。混凝土经收水压光后静养 12 h 后，进行无压蒸养。升温梯度每小时不超过 15℃，最高温度为 50℃；降温梯度每小时不超过 10℃，在整个蒸养过程中有专人负责检查并做好记录，蒸汽养护根据时间数据调整情况采用微机控制系统进行控制。混凝土强度达到设计强度的 70% 后进行拆模。拆模完成后将管廊构件与底模同时平移出模具，脱模时的管廊构件表面温度与环境温度之差不大于 20℃。

　　管廊构件运输过程中需要专人指挥运输车辆，根据汽车载重合理安排每辆车的运输数量。混凝土垫层强度必须达到设计强度的 70% 后，方可进行管廊构件的拼装。采用热熔法对管廊防水卷材进行施工，且保证防水卷材与混凝土垫层黏合紧密。

　　下设管廊，插入钢绞线后，钢绞线的两头安装固定对象（钢板垫、垫圈、锚具）。

在钢绞线的一端（铺进方向）安装张拉器，用固定数值的力张拉后，用锚具把 PC 件锁牢。放松张拉器的张拉力，拆下张拉器，堵截残剩的钢绞线。下设第二组管廊后插入钢绞线，并在衔接此组管廊的钢绞线的张拉槽处安装钢板垫和锚具。重复上述步骤。衔接处防水处置承口和插口衔接部的裂缝约 2 mm，以确保胶条压实。衔接后向接缝沟内填入灰浆，并用器材把接缝密实，做到管廊内面腻滑。张拉槽部位用灰浆填满，外部滑腻。依据要求对钢绞线衔接处孔隙进行灌浆处置，以防钢绞线氧化。如运用防腐钢绞线则不必灌浆。

宜采用中粗砂进行回填，回填时一定注意两侧对称进行，防止由于一侧土压力过大而导致管廊构件轴线整体偏移现象的出现。

1.16.4　实施效果

装配式管廊施工实现了预制构件工厂化的集中预制、现场安装，有利于节能、节材、节地、节水、节工期、环保，提高了资源的利用效率，取得了良好的经济与环保效益。具体表现为：减少土方开挖与施工占地，避免土壤扰动，提高环保效应；钢筋集中加工与配送，降低材料损耗，节约材料使用；集中预制喷淋养护，养护水循环利用，节约水资源；冬季施工集中电加热蒸汽养护，节能环保；部分现浇管廊段施工时采用了悬模法，底板、侧墙和顶板混凝土一体成型，有效解决了侧墙、底板结合处防水问题，减少了止水钢板等材料的使用，节约用材；装配式施工，提高了功效，节约了工期。

1.16.5　工程案例

山钢集团日照钢铁精品基地项目全厂供配电电缆管廊工程位于山东省日照市，管廊总长度 9787.5 m，包括 1♯220 kV 总降压站至 2♯220 kV 总降压站电缆管廊、1♯220 kV 总降压变电站至自备电厂线路电缆管廊、1♯220 kV 总降压变电站馈出线电缆管廊、2♯220 kV 总降压变电站馈出线电缆管廊等，施工时间为 2017 年 2 月—2018年 1 月。以明挖预制拼装为主要施工方式，设置一座预制厂对标准尺寸段采用工厂化生产进行统一预制，然后运输至现场进行拼装，对于异型节段则采用现浇混凝土施工，实现了节材、节能、节地、节水和环境保护目标，取得了良好的经济社会效益。

2 地基与基础工程技术

2.1 水泥土桩高喷搅拌法施工技术

2.1.1 适用条件和范围

该技术适用于素填土、粉土、黏性土、砂土等地层条件下的水泥土桩施工。

2.1.2 技术要点

采用高喷搅拌水泥土桩特制钻具，高压力、大流量泥浆泵，对需要加固的地基土体自钻式下沉至设计桩底后上提，在需要加强的部位进行复搅复喷，施工全程旋喷、搅拌，水泥土桩整体一次性成型。专用钻具在钻头、钻杆分别设置与桩径、提速、钻杆转速相匹配的加长杆喷嘴、搅拌翅，见图2-1。

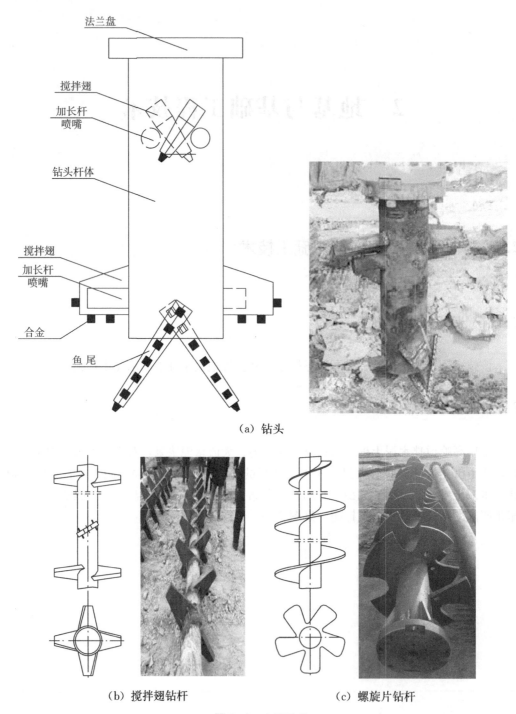

（a）钻头

（b）搅拌翅钻杆　　　　　　（c）螺旋片钻杆

图 2-1　专用钻具

2.1.3　施工要求

水泥土桩高喷搅拌法施工流程包括施工准备、工艺性试桩、定位放线、桩机就位、高喷搅拌钻进至桩底、高喷搅拌上提、复搅复喷、提钻移位等，见图 2－2。

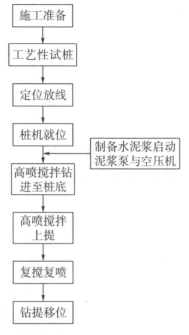

图 2－2 高喷搅拌法施工流程

施工准备包括人员的组织、设备的调试、场地的准备、材料的采购等。工艺性试验采用喷水或喷水泥浆将相关技术参数进行标定，为设计提供依据。定位放线进行二次校核，桩位偏差应控制在规范允许的范围之内。钻机就位时应安排专人指挥，开钻前调整钻杆垂直度，对浆路与气路进行疏通。高喷搅拌钻进至孔底，如有特殊需要可以调整钻进速度和搅拌速度。高喷搅拌上提，上提过程中可以针对不同地层调整上提速度和搅拌速度。针对需要加强的部位进行复喷复搅。施工完成后，设备应在专人的指挥下进行移动。

技术应用依据：《水泥土复合管桩基础技术规程》JGJ/T 330、《高喷搅拌水泥土桩施工工法》SDSJGF 611—2017。

2.1.4 实施效果

高喷搅拌法融合了深层搅拌法和高压旋喷法的优点，具有成桩直径大、地层适应性强、施工效率高、无泥浆污染与挤土效应、返浆浪费少、桩身质量均匀、性价比高等特点，节材和环境保护效益明显。

2.1.5 工程案例

力高澜湖郡一期工程位于山东省济南市天桥区，包括 11 栋 29～34 层住宅楼及地下车库。山东建科特种建筑工程技术中心于 2016 年 2 月—2016 年 7 月采用高喷搅拌法施工水泥土插芯组合桩中的外围水泥土桩。该技术施工噪声小、施工效率高、返浆浪费少、现场文明，施工后桩身质量均匀、桩侧阻力大，与高压旋喷法相比，节省了约25%的成本。

2.2 水力吹填技术

2.2.1 适用条件和范围

该技术适用于有水力充填条件、土石方难以获得情况下的建设场地或堤坝形成。

2.2.2 技术要点

水力吹填技术是利用水力冲挖机组完成土方挖、装、运、卸等过程的施工技术，在远程和水面作业时需将挖泥船采集、运送、装卸土料等过程配合，如图2-3～图2-8所示。水力冲挖机组由冲水系统、输泥系统和配电系统三部分组成。冲水系统由清水泵与输水管、切土水枪构成；输泥系统由立式泥浆泵与浮体、输泥管构成；配电系统由配电柜、防水电缆等构成。其技术原理是借助水力的作用来完成土堤坝土方挖运施工作业。水流由高压泵产生压力，经输水软管到水枪喷射出一股密集的高压、高速柱状水流对要开挖的土体进行切割、粉碎，使之湿化、崩解，形成泥浆和泥块的混合液，再由泥浆泵及其输泥管输送到堤坝的填筑区进行沉积、固结、成型。

图2-3 挖泥船与输泥管道

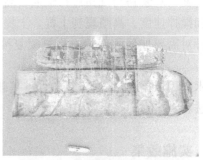

图2-4 挖泥船与运泥船靠泊

图2-5 运泥船排水

图2-6 高压水枪造浆作业

图 2-7 吹填区漫流沉淀排水

图 2-8 吹填区管道口

2.2.3 施工要求

（1）附近有充足的水源并有排水出路，且土料场的土料具备湿化、崩解速度快的特性。

（2）堤坝填筑施工程序：施工准备→填筑作业面、运输道路、料场开采规划→测量放样→土方平衡→前导段施工→土料开采液化→土料输送→筑埂及吹填面管理→沉积固结→层间检测验收→跟踪收边整形→下一层施工，如此往复，直至设计高程。

（3）水力吹填排水的施工工艺：充填区域沉积沥水→泄水口排水→集水沟和集水池汇水→水泵强排或沟渠排至江河。

（4）根据需要配备设备。如采用 2NL150-20 水力冲挖机组进行冲挖吹运，吹运距离超过 300 m 时应增加接力泵。每套机组配备 1 台 5.5～8.0 kW 的高压水泵和 22～30 kW 的泥浆泵、1 台 100～125 kW 的动力电源。

（5）注意事项：加强吹填及取土区的清基工作；严控浆液稠度，保证围埂坚固，加强排水，做到吹填质量均匀并分层、分段、分仓间歇施工；严密监控配电箱、电机、电缆和变压系统，防止水枪伤人、触电等事故发生；施工前应对土料场的土质进行分析，泥浆浓度及土方利用率通过试验确定；加强管道、围埂巡查。

2.2.4 实施效果

采用水力冲填技术填筑堤坝时，不需修筑重型车辆运输土料的临时道路，节约了大量的修路土石方，减少了临时道路占地而导致的草原、湿地、耕地或林地破坏等问题；解决了堤坝料场至堤坝之间无道路相通，料场与堤坝之间修建施工临时道路困难或成本高的问题；省去了传统筑坝装、运、卸、压四道工序，节约了施工资源，有效降低了造价，工效较高；可以充分利用弃土对堤坝两侧的池塘、洼地进行填筑及堤坝加固；不受雨天和夜间的影响，能连续作业。

2.2.5　工程案例

神华国华印尼爪哇 7 号 2×1050 MW燃煤发电工程位于印度尼西亚万丹省西泠市，吹填面积 $5.7×10^5$ m²，共吹填海砂约 $1.2×10^5$ m³，山东电力工程咨询院有限公司于 2016 年 09 月—2017 年 7 月采用水力吹填技术施工，投入耙吸船、运砂船、吹砂船等施工设备。

2.3　旋挖钻干作业成孔施工技术

2.3.1　适用条件和范围

该技术适用于地下水位以上的钻孔灌注桩施工。

2.3.2　技术要点

采用去掉钻头最外侧的合金齿牙，钻头旋转时向孔壁挤压外侧去掉合金齿牙处的物体进行密实孔壁的方法进行护壁。当钻孔进入强风化岩层或中风化岩层后不需要护壁时，将卸掉的钻头最外侧的合金齿牙进行安装后钻孔。

2.3.3　施工要求

应熟悉和分析施工现场的地质、水文资料、设计文件、施工技术规范和质量要求。熟悉施工现场环境，排查清楚施工区域内的地下管线（管道、电缆）、地下构筑物等的分布情况。按混凝土设计强度要求，分别做普通混凝土配合比的试验室配合比、施工配合比，满足桩灌注混凝土的要求。

技术应用依据：《建筑桩基技术规范》JGJ 94、《建筑施工机械与设备旋挖钻机成孔施工通用规程》GB/T 25695、《旋挖钻干作业桩基成孔施工工法》LSZGF 047—2017。

2.3.4　实施效果

旋挖钻干作业成孔施工技术无泥浆污染、施工效率高，有效地减少了人力资源使用，节省了泥浆池占用施工场地。

2.3.5 工程案例

济南市工业北路快速路建设工程施工第五标段位于山东省济南市，西起工业南路东侧，东至机场路，全长约4038.5 m。2016 年 7 月—2017 年 4 月的桩基施工，采用了旋挖钻干作业成孔施工技术。挖出的孔内渣土直接用装载机装运输车运走，减少了施工场地的使用，减少了普通钻孔灌注桩所采用的泥浆制作、泥浆池砌筑、泥浆外运等烦琐的施工工序；比普通的泥浆护壁钻孔灌注桩快 3 倍以上，使用人力少，节约了成本，缩短了工期。

2.4 全套管钻孔桩施工技术

2.4.1 适用条件和范围

该技术适用于在易坍塌、溶洞空洞区难以成孔，或需特殊保护周边环境变形的情况下的灌注桩施工。

2.4.2 技术要点

利用全套管全回转钻机的回转装置驱动钢套管进行 360°回转，边回转边压入，同时利用冲抓斗、冲击锤或者旋挖钻机等设备进行管内取土，直至套管下压至设计标高。套管下压完毕后立即进行孔深测定，并确认桩端持力层，然后清除虚土。成孔后将钢筋笼放入，接着将混凝土灌注导管竖立在钻孔中心，最后灌注混凝土成桩。

2.4.3 施工要求

全套管全回转钻机钻孔灌注桩施工工艺流程：平整土地→测放桩位→全套管全回转钻机对中→吊装套管→360°回转下压套管→校核垂直度并及时纠偏→抓斗取土，套管跟进→测量孔深→第一次清孔→吊放钢筋笼→吊放混凝土灌注导管→第二次清孔→灌注混凝土同时逐次拔管→测定桩顶混凝土面→成桩钻机移位。施工现场示意见图 2-9。

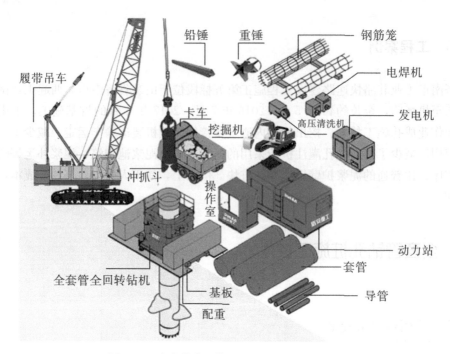

图 2−9　全套管全回转钻孔灌注桩施工现场图

该技术在施工过程中要求：严格控制桩位中心对位精确，成孔过程中保证套管垂直度，出现倾斜需及时调整。根据不同地层条件采用相应施工工艺进行施工，同时在灌注过程中需根据灌注高度及时起拔套管及导管，保证成桩质量。

2.4.4　实施效果

全套管钻孔灌注桩施工技术工艺具有以下优点：①低噪音，无振动，安全性高；②成孔过程中全程钢套管护壁，避免塌孔缩颈等施工事故，可靠近既有建筑物施工，成孔质量高；③配合各种类型冲抓斗，几乎可以在各种土层、岩层施工，钻进过程中可直观判别地层及岩石特性；④依靠全套管全回转钻机自身强大的扭矩及下压力，施工速度快，钻进深度大；⑤成孔直径标准，充盈系数小，同时成孔垂直度便于掌握，垂直精度高；⑥不使用泥浆，避免了泥浆进入混凝土的可能性，成桩质量高，同时作业面干净，环保性好，适合于市区内施工。

2.4.5　工程案例

（1）曲阜鲁南高铁桥梁承台桩基工程位于山东省曲阜市尼山镇余村施工段，施工地点处于旧河道附近，导致地基软弱，同时地下存有多层流砂、溶洞且地下水丰富。要求入中风化岩层，完成桩径1.5 m，桩深70 m桩基施工，工程量共计12363 m³。采用全套管钻孔灌注桩施工技术，开工时间为2018年2月，竣工时间为2018年5月。

（2）青岛港新综合办公大楼咬合桩工程位于山东省青岛港口内，距离海边仅10 m。

咬合桩桩径1.2 m，桩深20 m。采用全套管钻孔灌注桩施工技术，开工时间为2017年10月，竣工时间为2018年01月。

2.5 水泥土复合管桩应用技术

2.5.1 适用条件和范围

水泥土复合管桩技术可用于桩基和复合地基工程，适用于淤泥、淤泥质土、素填土、粉土、黏性土、砂土等土层，尤其适用于软弱土层。

2.5.2 技术要点

水泥土复合管桩由作为芯桩使用的预应力混凝土桩、包裹在芯桩周围的水泥土桩和填芯混凝土（当芯桩为空心时）优化匹配复合而成（见图2−10）。芯桩长度不宜大于水泥土桩长度，分为短芯、等芯两种情况；芯桩可选用空心桩或实心桩。

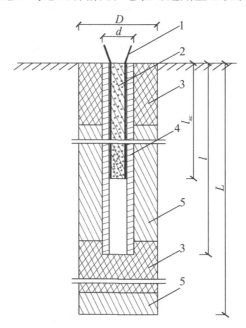

图2−10 水泥土复合管桩

1—锚固钢筋；2—填芯混凝土；3—复喷段；4—芯桩；5—水泥土桩

用于桩基工程时，水泥土复合管桩的选型应符合下列要求：水泥土桩直径与芯桩直径或外接圆直径之差，应根据环境类别、承载力要求、桩侧土性质等综合确定，且不宜小于300 mm；水泥土桩直径与芯桩直径或边长之比可按表2−1的规定确定，水泥土强度高者取低值，反之取高值；预应力高强混凝土空心桩长度不宜小于水泥土桩长度的

2/3；预应力高强混凝土空心桩可按现行行业标准（《建筑桩基技术规范》JGJ 94）的有关规定采用预应力高强混凝土管桩、预应力高强混凝土空心方桩。

表 2-1　水泥土桩直径与芯桩直径或边长之比

d 或 b（mm）	300	400	500	600	≥800
D/d	2.7~3.0	2.0~2.5	1.7~2.2	1.5~2.0	1.4~1.8
D/b	3.0~3.4	2.3~2.8	2.0~2.5	1.9~2.3	—

用于复合地基工程时，水泥土复合管桩的选型应符合下列要求：水泥土桩直径不应小于500 mm；芯桩的截面尺寸不应小于300 mm；水泥土桩直径与芯桩直径或芯桩外接圆直径之差，应根据环境类别、承载力要求、桩侧土性质综合确定，但不宜小于200 mm；水泥土桩直径与芯桩直径或边长之比不宜大于3.0；芯桩长度宜为水泥土桩长度的 0.67~1.00 倍；芯桩宜选用混凝土预制管桩、空心方桩、实心方桩；芯桩混凝土强度等级不应低于 C40。

2.5.3　施工要求

水泥土复合管桩施工机械的选型应综合考虑设计要求、地基条件、周边环境情况，可选用整体式施工机械或组合式施工机械，见图 2-11。其施工步骤包括：高喷搅拌法施工水泥土桩，用作桩基时分别封闭首节空心芯桩底端及末节空心芯桩顶端，在水泥土桩中同心植入预制芯桩，见图 2-12。

（a）整体式　　　　　　　（b）组合式

图 2-11　施工机械

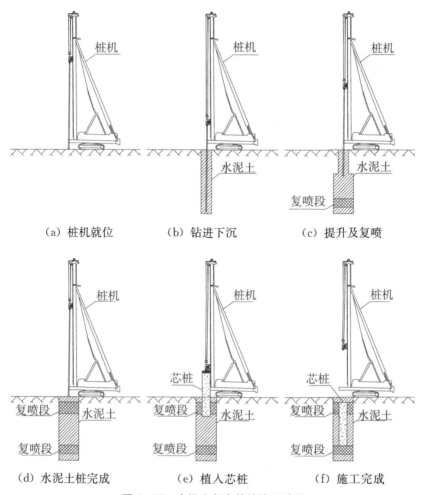

（a）桩机就位　　　（b）钻进下沉　　　（c）提升及复喷

（d）水泥土桩完成　　（e）植入芯桩　　　（f）施工完成

图 2—12　水泥土复合管桩施工过程

采用高喷搅拌法施工水泥土桩的主要流程包括：①水泥土桩施工机械就位、桩机调平；②制备水泥浆；③高喷搅拌钻进下沉；④高喷搅拌提升；⑤复搅复喷。

在水泥土桩中同心植入芯桩的主要施工流程包括：①采用整体式施工机械时，旋转或移动桩架，芯桩定位；②采用组合式施工机械时，移走水泥土桩施工机械，芯桩施工机械就位、桩机调平；③在水泥土初凝前，沉桩、接桩，送桩至设计标高。

技术应用依据：《水泥土复合管桩基础技术规程》JGJ/T 330、《管桩水泥土复合基桩施工工法》GJEJGF 005—2010、《水泥土插芯组合桩复合地基施工工法》SDSJG F 610—2017。

2.5.4　实施效果

水泥土复合管桩技术克服了预制桩在硬地层中压不到位的难题，可有效改善桩的荷载传递途径、提高承载力、减小沉降，性价比高，节省大量建筑原材料，减少硫及 CO_2 排量，施工中无泥浆污染及挤土效应、绿色环保。该技术解决了软弱土地区既有技术存在的质量安全、经济、绿色环保等难题，是一种典型的"绿色地基基础"。

2.5.5 工程案例

星凯国际广场三期工程位于山东省德州市经济技术开发区，包括 10 栋 33 层住宅楼及地下车库，桩基采用水泥土复合管桩，其中，水泥土桩直径 800 mm、长度 23～24 m，同心植入 PHC 400 AB 95−19，单桩竖向抗压承载力极限值为 4500 kN，山东建科特种建筑工程技术中心于 2018 年 2 月—2018 年 6 月施工（见图 2−13）。该技术具有施工噪声小、无振动与挤土效应、施工效率高、返浆浪费少、现场文明、桩身质量可靠、性价比高等优点。

图 2−13　星凯国际广场三期工程施工现场

2.6　塔吊与车库基础共用技术

2.6.1　适用条件和范围

该技术适用于有地下车库的工程现场的塔吊基础施工。

2.6.2　技术要点

塔吊与车库筏板或车库框架柱共用一个基础，避免了塔吊基础拆除造成的材料浪费。塔吊与车库筏板共用一个基础时，在塔吊基础施工之前，将塔吊底部防水与车库筏板防水相连接，然后同步施工，确保筏板整体防水效果。塔吊与车库框架柱共用一个基础时，基坑开挖完毕后，先浇筑塔吊与框架柱共用基础并安装塔吊，利用塔吊完成基坑余土清理与模板、钢筋等材料运输任务。

2.6.3 施工要求

（1）基坑开挖后共用基础放线：基坑开挖至设计标高后，首先用全站仪放出共用基础边线，并认真验线，确保标高、几何尺寸和位置准确无误。

（2）浇筑共用基础垫层。

（3）共用基础防水层及其保护层施工：将共用基础防水层及其保护层施工至防水底板施工缝，并按规范要求预留防水搭接尺寸。

（4）共用基础钢筋绑扎：按照设计要求绑扎塔吊与框架柱共用基础钢筋和框架柱钢筋，框架柱钢筋外露部分涂刷保护膜，防水底板上下钢筋断点符合规范要求，在防水底板施工缝位置竖向中部预埋止水钢板，见图 2-14。

（5）预埋塔吊地脚螺栓：在塔吊与框架柱共用基础内安装塔吊地脚螺栓，确保牢固、位置准确。

（6）浇筑共用基础混凝土：浇筑混凝土时，严禁碰撞钢筋和地脚螺栓，以免地脚螺栓位移。

（7）安装塔吊：待共用基础混凝土强度达到要求后安装塔吊，见图 2-15。

图 2-14 塔吊底座与框架柱基础钢筋绑扎　　　**图 2-15 安装塔吊**

（8）车库、主楼基础及主体施工：利用已经安装的塔吊进行基坑余土清理与模板、钢筋等施工材料的垂直运输工作，完成车库其他框架柱基础、防水及主体的施工。

（9）拆除塔吊：主楼施工完毕后方可拆除塔吊。

（10）共用基础上框架柱钢筋接长：塔吊与框架柱共用基础上的预留框架柱钢筋，采用直螺纹连接套筒接长，并安装框架柱模板。

（11）车库顶板预留孔洞模板安装：首先对车库顶板混凝土施工缝截面进行毛化处理并湿润，然后安装车库顶板预留孔洞模板。

（12）车库顶板预留孔洞钢筋连接与混凝土浇筑：采用直螺纹连接车库顶板钢筋，先浇筑框架柱混凝土，然后采用比车库顶板混凝土高一个强度等级的微膨胀混凝土浇筑车库顶板预留孔洞区域的梁板混凝土。

技术应用依据：《塔吊与车库框架柱共用一个基础施工方法》LEGF－229—2014。

2.6.4　实施效果

基础共用使塔吊基础和车库独立基础合二为一，共用基础既是塔吊基础，后期也是车库框架柱独立基础，节省了一个独立基础的施工费用。塔吊基础在基础清槽前即投入使用。利用已经安装的塔吊进行基坑余土清理与模板、钢筋等施工材料的垂直运输工作，完成车库其他框架柱基础及防水底板施工，可以大大提高除共用基础以外的其他基础施工效率，并大幅度降低整个工程的施工工期，使工程能够提前交付使用。

2.6.5　工程案例

（1）淄博市亨泰花园住宅工程位于山东省淄博市张店区太平路北侧，西九路以东，为商业、住宅一体的住宅小区，由1♯～4♯商住楼和配套地下车库组成。住宅楼主体结构为框架剪力墙结构，筏板基础，地下二层、地上共十七层，其中，1♯楼长32.20 m，宽16.3 m，高49.3 m；3♯楼长25.3 m，宽15.2 m，高53.33 m；地下车库属于中型地下汽车库，可停放小型车292辆。建筑面积6734 m²，基础为独立柱基、墙下条基，框架结构。建筑物长97.9 m，宽85.05 m，地下一层，层高为5.1 m（局部为4.7 m）。

（2）山东金城建设有限公司在2♯、4♯楼的塔吊基础布置方法上采用了塔吊基础与车库独立基础共用的施工方法。通过此方法的运用，解决了塔吊基础与车库独立基础争位的问题，并满足了施工对塔吊覆盖范围的要求。节约费用15132元，缩短工期20天，省去了塔吊基础拆除施工，减少了建筑垃圾的产生和拆除过程中噪音、废气的产生。

2.7　基础底板、外墙后浇带超前止水技术

2.7.1　适用条件和范围

该技术适用于设置后浇带并采用降水处理地下水的项目。

2.7.2　技术要点

根据地下室底板及外墙后浇带防水施工图纸要求及位置，在后浇带垫层下留设宽80 mm、深60 mm纵横相通的排水盲槽，内填等粒径石子，在外墙处留设⌀100排水镀

锌钢管，将其压力水不断引至外侧集水坑中，地下室外侧的集水坑为直径600 mm、深600 mm，内设自动式自吸水泵，及时对盲槽内的压力水排放减压。

地下室外墙后浇带处从底部向上砌筑码放60 mm的厚预制钢筋混凝土后浇带专用挡土板（施工前后浇带内周边及杂物需清理干净），每块挡土板上一侧预埋4∅6钢筋，砌筑码放时随砌随与墙上后浇带处的主筋钩住绑牢，挡土板外侧抹25 mm厚防水砂浆找平，再施工与地下室外墙相同的防水层。后浇带挡土板安装三视图见图2-17～图2-19。

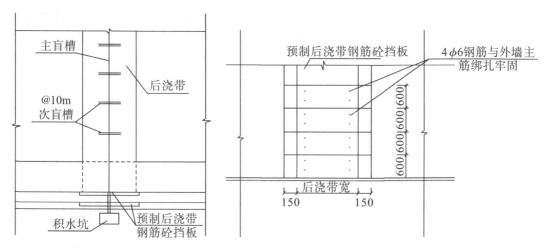

图2-17 后浇带挡土板安装平面示意图   图2-18 后浇带挡土板安装立面示意图

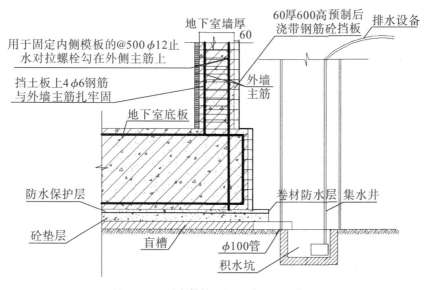

图2-19 后浇带挡土板安装剖面示意图

2.7.3 施工要求

基础底板、外墙后浇带超前止水技术的主要施工流程为：排水盲槽施工→素混凝土垫层施工→垫层混凝土养护→防水施工→底板钢筋绑扎→底板后浇带两侧支模→底板混凝土浇筑→后浇带防护→外墙钢筋绑扎→外墙模板施工（包括外墙后浇带）→外墙混凝土浇筑→外墙混凝土养护→外墙后浇带外侧挡土板墙施工→外墙外侧基层处理及防水施工保护、回填→外墙后浇带内模板支设→后浇带混凝土浇筑养护。

2.7.4 实施效果

地下工程外墙周边及时回填，充分利用了施工现场现有场地，减少了其他部分的土地的占用和破坏，减少了以往此类底板后浇带处设置超前防水结构（包括止水带）、外墙后浇带外侧设置施工井等工序与材料要求，施工精准，减少损耗。仅对底板后浇带底部盲槽处泄水减压，减少了基坑的排水量，保护了地下水资源，确保了地下工程的防水质量。

2.7.5 工程案例

九龙社区（两河安置区）第一标段位于山东省青岛市黄岛区，总建筑面积 25.12 万 m²。其中，地下部分共 4 层，建筑面积达 6.4 万 m²；地上为 8 个 32 层单体工程。地下室占地长 450 m、宽 138 m，其中底板及外墙的后浇带各 14 处，地下室底板垫层下位置标高为 −4.15～−12.45 m。工程建设场地属于杂填及海滩湿地，地下水水位高，地下抗浮设防水位为 −2.6 m。中启胶建集团有限公司于 2015 年 3 月—2015 年 10 月采用了基础底板、外墙后浇带超前止水技术，地下防水工程一次性施工到位，达到了不渗不漏的效果。

3 钢筋工程技术

3.1 高强钢筋应用技术

3.1.1 适用条件和范围

该技术适用于钢筋混凝土结构工程。

3.1.2 技术要点

将 HRB400 及以上强度等级的高强钢筋作为结构的主力配筋，将小直径的 HPB300、HRB335 钢筋用于构造配筋。通过推广应用高强钢筋，可减少钢筋用量，具有很好的节材作用。对高强钢筋的连接推荐采用直螺纹连接技术，对高强钢筋的锚固可优先采用机械锚固技术。

为保证钢筋材料符合抗震性能指标，建议采用带后缀"E"的热轧带肋钢筋。

3.1.3 施工要求

（1）钢筋原材料性能的控制是保证结构性能满足规范及设计要求关键，应制定严格的钢筋原材料检验制度，保证进场的钢筋原材料性能合格。除了对钢筋原材料进行检测外，还需要对钢筋连接接头的性能进行检测，保证接头性能满足规范及设计要求。

（2）现场钢筋加工需要严格控制加工工序及加工质量，保证加工好的钢筋能够满足钢筋安装要求。钢筋安装过程中，要制定严格的控制措施，保证钢筋安装能够满足规范及设计要求。钢筋接头的位置应符合《钢筋机械连接通用技术规程》JGJ 107 的规定。

3.1.4 实施效果

经对各类结构应用高强钢筋的比对与测算，在考虑构造等因素后，平均可减少钢筋用量约 12%～18%，具有很好的节材作用。按房屋建筑中钢筋工程节约的钢筋用量考虑，土建工程每平方米可节约 25～38 元。因此，推广与应用高强钢筋的经济效益也十分巨大。

高强钢筋的应用可以明显提高结构构件的配筋效率。在大型公共建筑中，普遍采用大柱网与大跨度框架梁，对这些大跨度梁采用高强钢筋可有效减少配筋数量，且配筋密度小，有益于混凝土浇筑，施工方便，还可减少施工中的运输量、场地占用量以及施工工作量，节省物质资源的消耗。

3.1.5 工程案例

绿地山东国际金融中心（IFC）项目超高层主塔楼，地下 4 层，地上 88 层，总建筑高度428 m，建筑面积 2.3×10^5 m²，由中建八局第二建设有限公司施工总承包，所有结构构件受力钢筋均采用 HRB400 及 HRB400E。

3.2 全自动数控钢筋加工技术

3.2.1 适用条件和范围

该技术适用于大批量钢筋工程。

3.2.2 技术要点

全自动数控加工技术就是根据钢筋加工料单，将钢筋的编号、型号、数量、尺寸、弯曲角度、弯曲位置、弯曲长度等详细参数按照编号顺序输入数控设备中，点击数控设备中相应的加工任务即可实现数控加工机械的自动加工，见图 3-1。

图 3-1 全自动数控钢筋加工

3.2.3 施工要求

3.2.3.1 施工准备

（1）材料准备：现场钢筋原材已经过进场验收，且验收合格。

（2）人员准备：数控加工设备操作人员已经过培训，操作人员可以熟练进行参数输入及参数调用，同时能够熟练做好施工配合，熟悉实际操作中的注意事项，遇到设备故障或紧急情况时能进行及时处理。每台设备需2名工人相互配合操作。

（3）技术准备：操作前，项目部技术人员根据钢筋布置图制作钢筋加工料单，在料单上清晰标注出钢筋的编号、型号、数量、尺寸、弯曲角度、弯曲位置、弯曲长度等详细参数。

（4）机械准备：钢筋数控弯曲设备已进行试运行，可正常运转，无故障。机械操作人员应定期对钢筋数控加工中心进行维修和保养，防止机械故障影响正常施工操作。

3.2.3.2 参数输入

在对钢筋进行数控加工前，需要对数控钢筋弯曲中心进行参数输入和设备调试。

根据钢筋放样单，将各个型号的钢筋按照编号和详细参数一一输入钢筋数控加工中心，输入完毕后对参数进行检查，确保参数无误。

3.2.3.3 齿轮模具安装

钢筋参数输入完毕，并核实无误后，根据钢筋直径选择相应的齿轮模具，对2个可移动弯曲机均要更换，齿轮分快速、中速、慢速3种类型。

钢筋加工时必须根据钢筋的直径选择合适的齿轮，防止出现加工偏差。

3.2.3.4 设备调试及参数调用

参数设置完毕，并安装齿轮模具完毕后，开始进行设备调试及参数调用。

设备启动前，先对设备进行调试。由于加工钢筋时钢筋成品为三维实体尺寸，因此，钢筋数控加工中心分别用X轴、Y轴、Z轴对应钢筋的3个方向。

调试设备时，先分别对X轴、Y轴、Z轴解除报警。解除报警后，将A、B两车回复原点，根据实际需要，从前期输入的钢筋参数数据库中调用相应钢筋参数，选择自动模式。

3.2.3.5 钢筋加工

钢筋正式加工前应进行试加工，试加工完毕后对数控加工的钢筋成品进行检验，检验合格后方可进行批量加工。

调用钢筋参数完成后，准备钢筋安装。安装时，为增加工作效率，根据钢筋直径选择最大安装根数。

安装时，钢筋一端顶到预先设置的顶板位置对齐，一名工人站在操作屏幕处，手不准离开急停按钮，另外一名工人踩下脚踏开关的启动装置，观察左机、右机是否按照设定的长度进行钢筋加工，左弯、右弯是否按照设定的角度进行工作。安装完毕后，机械开始按照输入的参数进行自动数控加工，待钢筋加工循环完成后，取下钢筋半成品，码放整齐，进入下一循环，重复上述工作。

3.2.3.6 钢筋分类存放

钢筋成品、半成品加工完毕后，要分批量对钢筋成品进行验收，验收合格后进行挂牌分类存放。钢筋应存放在钢筋棚内，同时底部应垫方木或者木板等，做好钢筋成品保护工作。

3.2.4 实施效果

该技术大大提高了劳动生产率，如进给部分采用伺服电机控制，一分钟之内可以更换不同直径的钢筋；可在电脑屏幕上改变加工类型来改变钢筋加工形状，很大程度上减少了更换钢筋的时间。占地面积、人工费用、能源消耗都将大幅度降低。同时由于采用数控技术，使得操作者的劳动强度大为减轻。具有很高的精度，长度公差控制在±1 mm内，角度误差在±1°内，大大超过了手工操作，使钢筋得到了最大限度的利用。

3.2.5 工程案例

济南转山 A−1 地块房地产开发项目（山东黄金国际广场项目）超高层主塔楼，地下 3 层，地上 42 层，总建筑高度207.1 m，建筑面积 $1.63×10^5$ m²，由中建八局第二建设有限公司施工总承包，施工中采用了全自动数控钢筋加工技术。

3.3 钢筋焊接网片技术

3.3.1 适用条件和范围

该技术适用于现浇钢筋混凝土结构和预制构件的配筋，特别适用于房屋的楼板、屋面板、地坪、墙体、梁柱箍筋笼以及桥梁的桥面铺装和桥墩防裂网、隧道锚喷支护钢筋网。

3.3.2 技术要点

钢筋焊接网片是指纵向钢筋和横向钢筋分别以一定的间距排列且互成直角、全部交叉点均用电阻点焊方法焊接在一起的网片，是一种新型、高效节能、强化混凝土结构的建筑用材。

钢筋焊接网宜采用 CRB550、CRB600H、HRB400、HRBF400、HRB500 和 HRBF500。冷轧带肋钢筋的直径宜为 5～12 mm，热轧钢筋的直径宜为 6～18 mm。

焊接网制作方向的钢筋间距宜为 100 mm、150 mm、200 mm，也可采用125 mm或175 mm；与制作方向垂直的钢筋间距宜为 100～400 mm，且宜为10 mm的整倍数；焊接网的最大长度不宜超过12 m，最大宽度不宜超过3.3 m。焊点抗剪力不应小于试件受拉钢筋规定屈服力值的 0.3 倍。

3.3.3 施工要求

钢筋网片一般在安装的前一天进入施工现场。钢筋焊接网片运输时应捆扎整齐、牢固，必要时应加刚性支撑或支架。

进场时，应验证进场网片的型号是否符合要求，以免因网片型号错误而影响工程进度。进场后，网片应堆放在铺设区域塔吊的工作半径以内，避免二次搬运，堆放的场地应平整。工地应做好网片的成品保护工作，避免在堆放期间网片变形或焊点开焊，禁止工作人员撕掉网片上的标签。

钢筋焊接网安装应根据施工方案进行。对两端插入梁内锚固的焊接网，当网片纵向钢筋较细时，可利用网片弯曲变形性能，先将焊接网中部向上弯曲，使两端能先后插入梁内，然后铺平网片；当钢筋较粗焊接网不能弯曲时，可将焊接网一端少焊1～2根横向钢筋，先插入该端，然后退插另一端，必要时采用绑扎方法补回所减少的横向钢筋。

两张网片搭接时，在搭接区中心及两端应采用钢丝绑扎牢固。在附加钢筋与焊接网连接的每个节点均采用钢丝绑扎。

施工时，先铺设短跨度的钢筋网片，再铺设长跨度的钢筋网片。钢筋焊接网安装时，下部网片应设置垫块。板的上部网片应在短向钢筋的两端，沿长向钢筋方向每隔600～900 mm设钢筋马凳。

技术应用依据：《钢筋混凝土用钢筋焊接网》GB/T 1499.3、《钢筋焊接网混凝土结构技术规程》JGJ 114。

3.3.4 实施效果

钢筋焊接网片采用工厂化自动加工，网筋网片间距均匀准确、焊接点强度高。钢筋焊接网的纵筋与横筋形成网状结构，与混凝土黏结锚固性好，承受的载荷均匀扩散分布，明显提高钢筋混凝土结构的抗震、抗裂性能。使用钢筋焊接网片，只要将其按要求铺放好，即可浇灌混凝土，省去了钢筋的现场裁剪、逐条摆放以及绑扎等环节，可节约工时，大大加快施工进度。使用钢筋焊接网片技术可降低钢筋工程造价，具有良好的经济和社会效益。

3.3.5 工程案例

（1）胜利南路南延隧道工程由烟建集团有限公司承建施工，位于烟台市芝罘区，隧道段全长2800 m。初期支护在拱部和加强地段采用钢格栅、钢筋网、砂浆锚杆和中空锚杆支护。钢筋网片主要应用于初期支护和边仰坡施工（见图3-2、图3-3），网片的规格为20 mm×200 mm，隧道共计采用钢筋网片8.1×10⁴ m²，施工期为2013年7月至2016年1月。

图3-2　钢筋网片成品　　　　　　　图3-3　钢筋网片现场安装

（2）滨海西路及夹河桥项目夹河桥工程由烟建集团有限公司承建施工，位于烟台市芝罘区，全长1600 m，于2016年6月开工，钢筋网片主要应用于承台和墩柱的防裂施工，网片的规格为10 mm×100 mm，全桥共计采用钢筋网片8000 m²，于2018年7月完工。采用焊接网片显著提高了钢筋工程质量，大幅降低了现场钢筋安装工时，缩短了工期，适当节省了钢材，取得了良好的经济及社会效益。

3.4 钢筋集中加工配送技术

3.4.1 适用条件和范围

该技术适用于现浇钢筋混凝土工程的钢筋工厂化加工和集中配送。

3.4.2 技术要点

在专业加工厂或加工基地，采用合理的工艺流程和专业化成套设备加工，以及工厂化数字生产管理系统，利用设备计算机接口通信技术将采集到的工程设计电子文档、施工现场、订单等配筋数据信息转化为设备加工信息依据，最终将原料钢筋加工成所需形状的产品，并通过物流环节配送到工程现场直接安装。

3.4.3 施工要求

（1）管理要求：成型钢筋加工配送企业宜采用信息化生产管理系统，施工单位应向加工配送企业提供明确的加工配送计划，加工配送企业宜根据项目实际情况编制加工配送方案，加工配送企业应建立完整的质量管理控制体系。

（2）设备要求：应符合现行行业标准如《建筑施工机械与设备钢筋弯曲机》JB/T 12076、《建筑施工机械与设备钢筋切断机》JB/T 12077、《建筑施工机械与设备钢筋调直切断机》JB/T 12078、《建筑施工机械与设备钢筋弯箍机》JB/T 12079、《钢筋直螺纹成型机》JG/T 146 和《钢筋网成型机》JG/T 5115 等的有关规定。

（3）原材料及性能要求：应符合国家现行标准《钢筋混凝土用钢第 1 部分：热轧光圆钢筋》GB 1499.1、《钢筋混凝土用钢第 2 部分：热轧带肋钢筋》GB 1499.2、《钢筋混凝土用余热处理钢筋》GB 13014、《冷轧带肋钢筋》GB 13788 和《高延性冷轧带肋钢筋》YB/T 4260 等的规定。

（4）其他要求：成型钢筋加工前，加工配送单位应根据设计图纸、标准规范、设计变更文件编制成型钢筋配料单并由施工单位确认，然后根据工程钢筋配料单进行分类汇总，钢筋下料综合套裁设计；成型钢筋不应加热加工，且弯折应一次完成，不应反复弯折；当钢筋的品种、级别或规格变更代换时，应办理设计变更文件；在成型钢筋加工过程中出现钢筋脆断、焊接性能不良或生能不正常等现象时，应停止使用该批钢筋加工；加工完成的成型钢筋制品应由专职质量检验人员进行检验，并根据检验结果填写加工质量检验记录单，作为出厂合格证的依据；施工单位应对成型钢筋加工过程中的质量进行抽检，应符合现行工程建设行业标准《混凝土结构成型钢筋应用技术规程》JGJ 366 和《混凝土结构用成型钢筋制品》JGJ 226 等的规定。

技术应用依据：《混凝土结构成型钢筋应用技术规程》JGJ 366、《混凝土结构用成型钢筋》JGJ 226。

3.4.4 实施效果

（1）钢筋集中加工实现机械化生产，使用全自动数控设备，根据工程结构各部位钢筋配料单实行统一加工，大大提高了工作效率，缩短了材料准备时间，还可有效降低钢筋损耗，节约钢筋用量约 5%。

（2）采用集中加工模式，钢筋加工机械化程度大大提高，加工精度能控制到毫米级；原材料及钢筋成品存放环境好，钢筋不易锈蚀，保证了钢筋工程质量；钢筋成品根据打印的标签（二维码）分类存储与配送，减少了施工现场钢筋安装的管理难度。

（3）与传统施工现场钢筋加工方式相比，可有效节约施工现场临时用地，同时集中加工采用全封闭施工，避免了现场钢筋露天焊接、切割、倒运等工序产生扬尘污染空气，还能避免加工中噪声扰民的问题，降低现场操作存在的安全隐患。

3.4.5 工程案例

济南高新区遥墙街道多村整合改造项目 A 区工程位于山东省济南市高新区遥墙街道，建筑面积 6.2×10^5 m²，78 栋单体建筑，结构形式为装配式－剪力墙结构，装配率达 50%，由中国建筑第八工程局有限公司施工，现场钢筋集中加工生产见图 3-4。

图 3-4　钢筋集中加工生产

3.5　型钢混凝土柱梁节点钢筋连接技术

3.5.1　适用条件和范围

该技术适用于型钢混凝土梁柱接头。

3.5.2　技术要点

（1）技术原理：型钢梁柱混凝土结构构件是由型钢梁柱、主筋、箍筋及混凝土结构组合而成。节点部位钢筋错综复杂，施工难度大，利用 BIM 信息技术进行钢构件和钢筋的排布和施工模拟，采用预留插筋孔、设置连接板或套筒连接等方式，可完成型钢梁柱混凝土结构节点的钢筋连接。

（2）技术特点：通过对型钢混凝土组合结构的每一个连接点绘制钢筋穿过型钢腹板穿孔节点大样，预先计划型钢混凝土结构梁柱节点纵向钢筋弯折和锚固及穿孔情况。型钢柱、梁构件实行工厂化制作，保证构件尺寸、精度及开孔位置的准确，使得梁柱纵向受力钢筋能准确、顺利地穿过型钢梁、柱，避免了现场纠偏、补开孔的工作量，保证了质量和施工进度。

（3）关键设备资源配置要求：采用二氧化碳保护焊机及专用焊丝，材料质量及性能符合国家相关现行标准的规定，所有材料应附质量合格证明书。焊接施工时，必须保证现场电压足够，以免影响焊接质量。专业焊工进行现场焊接，焊接方式采用二氧化碳保护焊。

3.5.3 施工要求

柱、梁钢筋穿过型钢柱、梁是相互交错的，在施工中应全面考虑各种钢筋穿插先后顺序，以便更好地快速施工。

应用 BIM 技术进行钢筋碰撞检查，优化钢筋排布，准确定位和直观反映型钢预留插筋孔位置，见图 3—5。

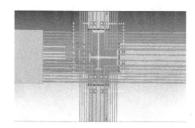

图 3—5　梁柱节点三维图

梁主筋与型钢柱连接处处理，主要采用梁主筋绕柱、梁主筋直接穿型钢柱腹板或翼缘板、梁主筋焊接在牛腿连接板上、钢柱翼缘板上焊接机械连接套筒等几种方式或其组合。

采用梁主筋直接穿型钢柱腹板或翼缘板时，现场施工方便，在型钢梁、型钢柱腹板及翼缘板预留孔，开孔直径为 $d+2$ mm，但腹板打孔定位精度要求高，同时也需校核打孔标高累计误差，同时型钢腹板截面损失率应小于腹板面积的 25％，见图 3—6。

图 3—6　梁主筋穿型钢柱节点图

采用牛腿连接板时，梁主筋与连接板上皮焊接，现场焊接作业量较大，现场作业困难，采用在钢结构加工场制作时焊接，既可保证焊接质量，也减少了现场焊接工作量，见图 3—7；梁主筋与连接板采用二氧化碳保护焊，焊缝长度为双面焊 $5d$（≥90 mm），焊脚尺寸不小于8 mm，见图 3—8。

图 3-7　工厂加工焊接牛腿连接板

图 3-8　钢筋与连接板焊接

采用在钢柱翼缘板上焊接机械连接套筒时，套筒焊接端加工成坡口，见图 3-9、图 3-10，套筒焊接采用二氧化碳保护焊，坡口满焊后，再沿焊接套筒周圈增加角焊缝，焊脚尺寸不小于 8mm。

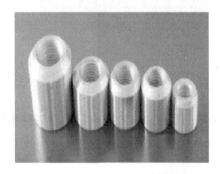
图 3-9　不同规格的可焊性套筒

图 3-10　焊接套筒连接

梁上部钢筋配置数量较多时，钢筋连接处集中应力可能对柱翼缘板造成屈服破坏节点。型钢柱翼缘板连接钢筋数量超过 4 根时，在钢筋连接部位增加拉结钢板形成刚性节点，钢板厚度18 mm，材质为 Q345，焊脚尺寸不小于 8 mm，见图 3-11。

梁角筋构造，当梁截面尺寸大于型钢柱截面尺寸时，角筋贯通或满足锚固长度；当梁截面尺寸小于等于型钢柱截面尺寸时，角筋采用焊接套筒连接或直接锚固处理（直锚长度$\geq 0.4L_{aE}$且弯锚长度$\geq 15d$），见图 3-12。

图 3-11　焊接加强连接钢板

图 3-12　角筋直接锚入柱内

技术应用依据:《组合结构设计规范》JGJ 138、《复杂劲钢结构钢筋混凝土施工工法》LEGF-226—2012、《型钢混凝土组合结构施工工法》LEGF-301—2012、《超大截面劲性混凝土框架结构施工工法》LEGF-496—2017。

3.5.4 实施效果

该技术有效解决了错综复杂的钢筋与对应的型钢的纵横交错布置和绑扎,减小了施工难度,提高了钢筋绑扎质量,取消了钢筋弯锚焊接在型钢柱上的传统工艺,节省了大量钢筋。同时,由于工艺的改进,焊接效率也得到了很大提高,人工耗时减少了大约50%,缩短了工期,提升了工程质量。

运用 BIM 技术对型钢结构的每一个连接点综合排布优化,绘制钢筋穿过型钢腹板穿孔节点大样,预先计划型钢混凝土结构梁柱节点纵向钢筋弯折和锚固及穿孔情况,对型钢柱、梁构件实行工厂化制作,保证了构件尺寸、精度及开孔位置的准确,避免了现场纠偏、补开孔的工作量。通过型钢混凝土柱梁节点钢筋连接工艺的改进,节省了大量钢筋,达到节材的要求。

3.5.5 工程案例

(1)由烟建集团有限公司承建施工的烟台蓬莱国际机场航站楼工程,建筑面积为89395 m²,地下一层,地上四层,于 2012 年 3 月开工,2015 年 4 月竣工。主体结构中的部分框架柱采用十字形型钢柱代替钢筋形成劲性混凝土柱,共计 86 个。本工程的突出特点是钢筋直径较大,箍筋众多,并且部分穿形钢梁或者型钢柱腹板或腹板,增加了钢筋绑扎难度。梁柱节点钢筋纵横交错,加之型钢柱节点构造复杂,混凝土浇筑难度大大增加。采用本技术,有效地解决了节点区域钢筋绑扎、模板支设和混凝土浇筑的难点,工程质量满足了规范要求,加快了施工速度,产生了良好的效益。

(2)由烟建集团有限公司承建施工的山东东方海洋精准医疗科技园办公楼工程位于烟台市莱山区,施工时间为 2016 年 8 月至 2017 年 8 月。本工程共 9 层,一层属劲性混凝土框架结构,结构层层高9.45 m,劲性混凝土框架柱截面尺寸为2 m×2 m,十字形型钢骨架尺寸为1.5 m×1.5 m;劲性混凝土梁截面尺寸1.5 m×2.5 m,工字型钢筋骨架尺寸为1.9 m×0.8 m,最大跨度19.8 m。劲性混凝土框架柱中纵向钢筋为 56 根,钢筋规格为 HRB 500 $\varnothing$32 mm。劲性混凝土框架梁中,纵向钢筋共计 73 根,上部钢筋为27 根,下部钢筋为 46 根,钢筋直径为32 mm。无论是劲性混凝土框架梁或者是劲性混凝土框架柱,钢筋含量均较大。本技术充分解决了超大截面劲性混凝土梁柱节点构造复杂、大量梁柱纵筋、箍筋穿过型钢翼板腹板、施工难度大等问题,施工顺序安排合理。配合采用高抛自密实混凝土,确保混凝土浇筑质量。通过应用该技术,工程质量满足规范要求,节约投资约 30 万元,工期提前 12 天,取得了良好的社会效益和经济效益。

(3)由威海建设集团股份有限公司承建施工的威海市游泳馆及附属设施建设项目位于威海市的中心城,北侧现为威海体育场,西侧为威海体育馆,南侧为文化中路,地下一层，地上五层。地下一层为车库及设备房，一层为商业配套，二层、三层为训练池、比赛池、更衣室及办公用房，四层为戏水池及办公用房，五层为办公及设备用房，其中，地下建筑面积8360.34 m²，地上建筑面积28856.61 m²，总建筑面积37216.95 m²。本工程共有35根型钢柱，每根型钢柱每层为4个节点，共有700个节点，柱截面尺寸1200 mm×800 mm、1000 mm×1000 mm和1000 mm×800 mm三种类型，型钢梁截面尺寸为700 mm×2000 mm、600 mm×900 mm和450 mm×850 mm三种类型。

4 混凝土工程技术

4.1 清水混凝土施工技术

4.1.1 适用条件和范围

该技术适用于工业与民用建筑工程、桥梁工程、隧道工程等有清水要求的现浇混凝土结构施工。

4.1.2 技术要点

清水混凝土是指直接利用混凝土成型后的自然质感作为饰面效果，不做其他外装饰的混凝土工程。要求混凝土表面平整光滑，色泽均匀，无碰损和污染，对拉螺栓及模板缝设置整齐美观，无普通混凝土的质量通病。

清水混凝土包括普通清水混凝土和饰面清水混凝土。普通清水混凝土一次浇筑成型，免抹灰。饰面清水混凝土直接由结构主体混凝土本身的肌理、质感和精心设计施工的明缝、禅缝和对拉螺栓孔等组合而形成一种自然状态的装饰面。

从钢筋绑扎、模板体系的选择、模板细部做法、配合比设计与原材料控制、混凝土的拌制、浇筑、养护和施工缝的处理等方面进行控制，确保清水混凝土的观感质量；同时对主体结构分隔好明缝、禅缝的位置，使施工缝隐藏在明缝中。

4.1.3 施工要求

4.1.3.1 模板工程

清水混凝土使用的模板必须具有足够的刚度，在混凝土的侧压力下，不得有任何变形，以保证混凝土结构尺寸均匀、断面一致和防止混凝土浆液流失。模板表面要平整光洁、板面方正、接缝严密。

模板设计根据设计图纸进行，模板的排版与设计蝉缝相对应。同一层的禅缝需水平交圈、竖向垂直，有一定的规律性、装饰性。

4.1.3.2　钢筋工程

钢筋加工前，清除其表面的油渍、漆污、水泥浆和浮皮、铁锈等。

按标准要求，对钢筋机械连接进行工艺检验，检验合格后方可进行批量生产。

严格按照施工图要求，进行钢筋绑扎。立墙钢筋采用反向绑扎，使扎丝头全部留于竖向钢筋内侧，不允许贴着模板。

4.1.3.3　配合比设计

选用合适的水泥、粗骨料（碎石）、细骨料（砂子）、粉煤灰、外加剂等混凝土材料，通过试验确定清水混凝土的配合比，具有极好的工作性和黏聚性，绝不允许出现分层离析现象。原材料产地必须统一，砂、石的色泽和颗粒级配均匀。在材料和浇筑方法允许的条件下，应采用尽可能低的坍落度和水灰比，同时控制混凝土含气量与初凝时间。

4.1.3.4　混凝土施工

严格执行确定的浇筑方案，保证混凝土供应均匀、充足，满足现场浇筑速度要求。混凝土浇筑应连续进行。当超过允许间歇时间时，应按浇筑中断处理，同时应留置施工缝，并做出记录。施工缝的平面应与结构的轴线相垂直。施工过程中需控制混凝土坍落度、浇筑高度，合理振捣，确保混凝土振捣密实，模板不漏浆。养护期间重点加强混凝土的湿度和温度控制，对外露混凝土表面可及时粘贴塑料薄膜进行覆盖养护。

4.1.4　实施效果

清水混凝土施工技术不需要进行混凝土外部装饰装修，模板标准化程度高，周转次数多，减少了垃圾产生量，节材节能效果明显，降低了工程造价，具有较好的推广价值和应用前景。

技术应用依据：《清水混凝土应用技术规程》JGJ 169、《清水混凝土异形柱施工工法》LEGF－402—2013。

4.1.5　工程案例

（1）滨海西路及夹河桥项目夹河桥工程由烟建集团有限公司施工，项目起于经济技术开发区海滨路，止于芝罘区滨海西路。路线全长1605.134 m，桥梁长度1398.4 m，其中主桥长230 m，东引桥总长505.5 m，西引桥总长662.9 m，主桥采用115 m+115 m独塔双跨自锚式组合梁悬索桥。施工工期为2016年6月—2018年7月。桥墩和箱梁全部采用清水混凝土施工技术（见图4-1），结构一次成型，不剔凿修补、不抹灰，减少了大量建筑垃圾，减少了维保费用，降低了工程成本。

图4-1 滨海西路及夹河桥项目夹河桥工程清水混凝土效果

（2）济南市轨道交通R1号线试验段土建工程由中建八局第二建设有限公司施工，试验段分为三站两区间（含站后折返段），分别为池东站、前大彦站、园博园站、池东站前折返段和池前区间、前园区间，总长为5.27 km。施工工期为2016年4月—2017年12月。应用清水混凝土施工技术，结构构件阴阳角棱角分明，明缝分布整齐、美观，具有装饰效果（见图4-2）；禅缝分布平直、顺滑；省去了结构构件抹灰等装饰环节，减缩工期20天，经济效益显著。

图4-2 济南市轨道交通R1号线试验段土建工程清水混凝土效果

4.2 自密实混凝土施工技术

4.2.1 适用条件和范围

该技术适用于形体复杂、配筋密集、薄壁、钢管混凝土等受施工操作空间限制的工程结构，或对振捣噪声有严格限制的环境。

4.2.2 技术要点

掺入外加剂、适量的矿物掺合料和级配良好的骨料，选择适当的配合比，增大混凝土流动性，仅依靠自重克服混凝土的屈服应力，同时又具有足够的塑性黏度。在浇筑过程中，混凝土拌合物具有高流动性与高填充性，能自由流淌并充分填充空间，形成密实且均匀的胶凝结构，硬化后的混凝土具有良好的力学性能和耐久性。

4.2.3 施工要求

4.2.3.1 原材料

（1）水泥宜选用强度等级不低于 42.5 的普通硅酸盐水泥。细骨料应选用质地坚硬、级配良好的河砂，其细度为中等粒度，细度模数为 2.6～3.0，0.315 mm 筛孔的通过量不应少于 15%，0.16 mm 筛孔的通过量不应少于 5%，含泥量不超过 1.0%，且不容许有泥块存在。粗骨料应选用质地坚硬、最大粒径不大于 20 mm 的碎石。粗骨料母岩的抗压强度应比所配制的混凝土抗压强度高 20% 以上。粗骨料中针片状颗粒含量不宜超过 5%，且不得混入风化颗粒，含泥量应不超过 0.5%，泥块含量不宜大于 0.2%。外加剂使用高性能减水剂。混凝土中宜掺入高炉矿渣粉、硅粉、粉煤灰等矿物掺合料。

（2）高炉矿渣粉：选用的高炉矿渣粉除应满足现行国家标准的要求外，比表面积应大于 400 m²/kg，烧失量应不大于 5.0%。

（3）硅粉：SiO_2 含量≥85.0%，比表面积（BET 氮吸附法）≥18000 m²/kg，密度约 2.2 g/cm³，平均粒径 0.1～0.2 μm。

（4）粉煤灰：应选择 Ⅰ 级的粉煤灰，需水量不应大于 95.0%，烧失量不应大于 5.0%。

4.2.3.2 配合比设计

根据自密实混凝土性能要求，委托有资质的混凝土搅拌站及检测机构进行试配。自密实混凝土应采用较小水胶比、较大砂率、较多细掺料。混凝土首次使用前，在现场进行高抛或顶升工艺试验以及自密实混凝土坍落扩展度检测（见图 4-3）。混凝土试配强度达到设计要求后，方可正式生产投入使用。

4.2.3.3 混凝土浇筑

应根据结构部位、结构形式、结构配筋等确定合适的混凝土浇筑方案。浇筑时，应能使混凝土充填到钢筋、预埋件周边及模板内部位。主要设备有汽车泵或地泵、混凝土输送管、混凝土布料机等。自密实混凝土可采用高位抛落法和顶升法，利用浇筑过程中高处下抛时产生的动能来实现自流平并充满。

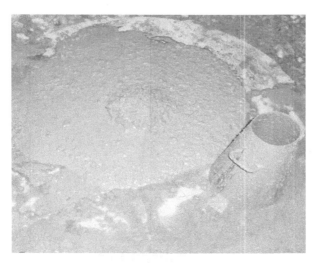

图4-3　扩展度检测

技术应用依据：《自密实混凝土应用技术规程》JGJ/T 283、《高层建筑钢管柱高抛混凝土施工工法》LEGF-186—2013、《钢管混凝土框架结构节点环梁施工工法》LEGF-187—2013。

4.2.4　实施效果

（1）自密实混凝土由混凝土搅拌站集中供应、混凝土运输车运输，避免了施工现场水泥、粗细骨料等材料的扬尘污染。

（2）施工现场通过泵送系统进行灌注，施工准备时间较短，浇筑过程无须振捣，免分层，操作简单，减轻了工人的劳动强度，降低了工地噪音，提高了施工工效。

（3）自密实混凝土技术可有效避免因无法振捣或振捣不足而造成的蜂窝、空洞等质量问题。

4.2.5　工程案例

烟台海洋经济发展中心工程由烟建集团有限公司施工，总建筑面积约 3.1×10^5 m²，采用框架-筒体结构，设计有80支钢管柱，直径800～1400 mm。该工程共使用C55自密实混凝土约4500 m³，施工时间为2013年5月—2013年12月。采用自密实混凝土施工技术（见图4-4），加快了施工速度，降低了劳动强度，保证了工程质量，降低了施工成本，取得了良好的经济效益。

图 4-4　钢管柱自密实混凝土

4.3　大体积混凝土自动喷淋养护技术

4.3.1　适用条件和范围

该技术适用于地下室及基础等大体积混凝土施工洒水养护。

4.3.2　技术要点

在大体积混凝土施工完成面上，沿纵横两个方向布设主管线，每隔4 m设置一个分支，每一分支安装一个绿化洒水喷头和两个伸缩喷头，通过微电脑延时开关定时，对大体积混凝土进行洒水养护作业。

4.3.3　施工要求

（1）大体积混凝土自动喷淋养护系统（见图4-5）包括框架，其特征在于：框架设置有斜桁架，斜桁架安装在框架上；框架设置有钢管柱端支撑，钢管柱端支撑安装在斜桁架的下方位置；框架设置有钢管柱，钢管柱安装在钢管柱端支撑的上方位置；框架设置有钢管柱侧支撑，钢管柱侧支撑安装在钢管柱的两侧；框架设置有钢绞线，钢绞线的一端与钢管柱连接，钢绞线的另一端与斜桁架连接；框架设置有钢丝绳，钢丝绳的一端与钢管柱连接，钢丝绳的另一端与斜桁架连接；钢丝绳设置有花篮螺栓，花篮螺栓安装在钢丝绳上；斜桁架设置有第一内外双环形钢管支座和第二内外双环形钢管支座，第一内外双环形钢管支座和第二内外双环形钢管支座均安装在斜桁架的下部位置；斜桁架

68

设置有吊脚手架，吊脚手架安装在斜桁架的下端位置。

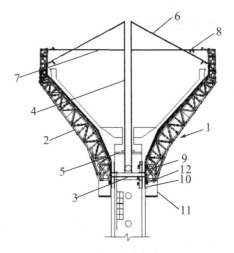

图 4-5 自动喷淋养护系统示意图

1—框架；2—斜桁架；3—钢管柱端支撑；4—钢管柱；5—钢管柱侧支撑；6—钢绞线；7—钢丝绳；
8—花篮螺栓；9—第一内外双环形钢管支座；10—第二内外双环形钢管支座；11—吊脚手架

（2）第一内外双环形钢管支座和第二内外双环形钢管支座通过牛腿安装在斜桁架上。钢管柱每隔 4 m 设置一个分支，每一分支安装一个绿化洒水喷头和两个伸缩喷头。钢管柱呈垂直安装在钢管柱端支撑上。

4.3.4 实施效果

采用大体积混凝土自动喷淋养护系统可有效覆盖大体积混凝土，相比传统洒水养护，可有效节约用水；现场只需保证蓄水桶内水量充足即可实现连续作业，保证了混凝土养护的连续性，提高了养护质量；电脑自动控制节约了人工成本，能广泛应用于实际工程中，具有较好的推广价值和应用前景。

4.3.5 工程案例

金华路 33 号改造项目一标段位于青岛市市北区会昌路与金华路交接处，框架剪力墙结构，建筑面积 83745.42 m²，共包括 5 幢高层住宅楼（1#、2#、3#、4#、7#）及地下车库网点、产品展示中心。主楼为 23～28 层，产品展示中心、地下车库及网点 2 层。本工程开工日期 2015 年 8 月 1 日，竣工日期为 2017 年 1 月 20 日，工程总造价 1.7 亿元。本工程应用了大体积混凝土自动喷淋养护技术。

4.4 混凝土养护剂养护技术

4.4.1 适用条件和范围

该技术适用于混凝土养护。

4.4.2 技术要点

混凝土养护剂，亦称混凝土防护剂、混凝土养护液，是一种适应性非常广泛的液体成膜化合物。使用时，将养护剂喷涂在混凝土表面，当水分蒸发到一定程度时，能迅速形成一层无色、不透水的薄膜，可阻止混凝土中的水分蒸发，减少混凝土收缩和龟裂。

4.4.3 施工要求

4.4.3.1 混凝土养护剂

混凝土养护剂技术指标如表 4-1 所示。

表 4-1　混凝土养护剂技术指标

检验项目		一级品	合格品
有效保水率		≥90%	≥75%
抗压强度比	7d	≥95%	≥90%
	28d	95%	90%
磨耗量		≤3.0 kg/m²	≤3.5 kg/m²
固含量		≥20%	
干燥时间		≤4 h	
成膜后浸水溶解度		应注明溶或不溶	
成膜耐热性		合格	
注：在对具有表面耐磨性能要求的制品上使用混凝土养护剂时，磨耗量为必检项目。			

4.4.3.2 现场实施

以管片养护剂养护为例。现场设置专用养护剂池（见图 4-6），用于养护剂临时存放和管片浸泡使用。养护剂池长 4.6 m、宽 1.3 m、高 1.6 m，管片可直接完全没入浸泡，养护剂可完全覆盖管片所有位置。

图 4—6　养护剂池

4.4.4　实施效果

（1）现场使用养护剂，采取浸泡养护剂之后直接码放，减少了水养工序，减少了二次倒运的过程，提高了工作效率，降低了能源消耗。

（2）使用养护剂可大量节约水资源，减少养护用水的排放，环境效益显著。

（3）使用养护剂养护后，表面色差现象基本消失，极大地改善了管片外观。此外，使用养护剂可代替水养，控制产品质量。

4.4.5　工程案例

管片养护剂养护技术在北京中铁房山桥梁有限公司济南地铁项目部成功应用。生产任务为济南市轨道交通 R1 线 9411 环，二期任务为 R3/R2 线 42067 环。管片生产采用 2 套"2+3"流水线（2 条生产线，3 条养护线）方式，投入 30 套模具。工程管理人员 30 人，作业人员 220 人。年最大生产能力 20000 环，最大存储能力 4300 环。

5 钢结构工程技术

5.1 钢结构整体提升技术

5.1.1 适用条件和范围

该技术适用于钢结构屋盖、连廊工程施工。

5.1.2 技术要点

（1）整体提升技术即在地面进行拼装，全部或局部组装成型后，再利用"液压同步提升技术"将组装完毕的结构整体提升到位。

（2）在被提升结构投影面正下方的地面或楼面上布置组装胎架，在胎架上把准备提升的结构拼装成整体，利用两端结构作为提升支点，把千斤顶置于提升支点上进行固定，往液压千斤顶中穿入专用钢绞线，通过计算机控制液压千斤顶整体同步提升。

（3）采用行程及位移传感监测和计算机控制，通过数据反馈和控制指令传递，进行分析处理、发放相关指令，对泵站及油缸动作进行控制，确保提升工作的同步进行。

5.1.3 施工要求

5.1.3.1 工艺流程

提升结构的地面拼装→提升支架安装焊接→液压千斤顶提升器放置→提升结构吊点固定→应力监控点布置→钢绞线预紧→计算机控制系统调试→试提升→正式提升→提升到位后对接口调整→就位焊接→提升结构卸荷→拆除临时加固杆件、液压提升设备及提升支架。

5.1.3.2 施工要点

（1）组装前对组装胎架上表面抄平，根据桁架预起拱值和组装胎架承受桁架组装荷载的下挠值，将组装胎架上表面均匀垫高。在组装胎架上组装焊接待提升结构。

（2）在结构顶部安装提升支架，提升支架需稳定牢固，满足强度要求。

（3）液压千斤顶放置于提升支架上，每台提升器内钢绞线孔应与提升梁的钢绞线孔中心对齐。

（4）为避免提升过程中提升结构受力过大产生破坏，除采用同步控制系统之外，还需在结构提升过程中，对受力较大的部位粘贴应变贴片，以便于提升时实时监测结构应力。发现应力超标，要立即停止提升，查找原因。

（5）全面检查，无问题后，将提升结构提升约200 mm，观察至少24 h，确保提升结构、支架、锚具、提升器无问题。

（6）选择风较小（4级以下）天气，进行钢结构提升，提升速度一般为 0.2～0.4 m/min。提升过程中，利用激光铅直仪在被提升结构的端部向上投射激光束。安排人员进行观测，看能否在连接结构上接收到光标，如发现障碍物，及时进行清理，保证钢结构提升通道畅通无阻。提升就位后，提升千斤顶锁定。钢结构对接口焊接完成后，卸载拆除提升设备及支架。

技术应用依据：《高悬空钢结构连廊整体提升施工工法》LEGF－225—2012。

5.1.4 实施效果

（1）整体提升技术可减少在高空拼装焊接带来的安全危险及焊接的质量缺陷。

（2）整体提升技术不占用主线工期，减少了塔吊的使用时间，节约了大量的机械费用。

（3）钢结构整体提升，不必搭设满堂脚手架，可节省大量周转器材租赁费、脚手架搭设人工费，缩短工期。

5.1.5 工程案例

烟台高新区创业大厦工程，建筑面积 14.9 万 m²，建筑高度127.5 m；地下 3 层，地上 30 层。建筑主楼为门字型，东西主楼为 23～30 层，采用钢连廊相互连接，为复杂连体结构。钢连廊总重量约2500 t。针对工程特点，采用楼面拼装、分层整体提升的方法，先上后下，分 7 次将钢连廊提升就位，见图 5－1。

图 5-1 创业大厦工程钢结构整体提升技术

5.2 钢结构高空滑移安装技术

5.2.1 适用条件和范围

该技术适用于钢结构屋盖工程施工。

5.2.2 技术要点

在建筑物的一侧搭设拼装平台，在建筑物两边和/或跨中铺设滑道。构件在拼装平台上分条组装后用牵引设备分条滑移或整体累积滑移。牵引系统为卷扬机、液压千斤顶或顶推系统等，由控制中心进行滑移同步控制。滑移到位、结构整体安装完毕后，卸载就位拆除滑道、支座就位。钢结构高空滑移可分为结构直接滑移、结构和胎架一起滑移、胎架滑移等多种方式。

5.2.3 施工要求

下面以大跨度柱面网壳累积滑移施工为例进行说明。

5.2.3.1 工艺流程

（1）根据工程特点，将类似柱面网壳划分成数个分段，其中分段结构划分成若干滑移单元。在网壳的一端附近设置一副拼装支架，比一个滑移单元多一个网格尺寸。

（2）在网壳的支座处通常设置两条水平滑移轨道和两条侧向滑移轨道。当跨度较大时，在拼装支架上设置滑移支承轨道。

（3）滑移单元网壳在拼装支架上拼装成型后，在牵引系统的牵引下向前滑移一个单元距离，然后在拼装支架上组装下一个单元的柱面网壳。

（4）网壳组装完毕后，将第一、二单元一起向前滑移一个单元距离，并留两个网格在拼装支架上。

（5）依次类推，安装完第一分段的所有滑移单元，然后利用牵引设备将第一分段一次性牵引到设计位置。

（6）依次类推，完成所有网架的安装。

5.2.3.2 操作要点

（1）大跨度柱面网壳累积滑移施工时，必须保证两端牵引的不同步值在规范允许的范围内。液压滑移同步控制应满足以下要求：

①用全站仪测量各节点坐标，用自整角机监测两边滑移时的同步差。

②网壳滑移时，现场设有专人指挥，步调一致。

③各边有专门人员相互报数，随时校正牵引速度，要求网壳滑移速度不大于0.3 m/min，两端不同步值不大于20 mm。

④尽量保证各台液压爬行器均匀受载。

⑤保证各个滑移点同步。

（2）为保证滑移施工的顺利进行，除设置水平滑道外，还应设置侧向垂直滑道，以抵抗柱面网壳在水平方向的推力。

（3）在滑移过程中，牵引力直接设置在网壳结构上。在滑移施工前，对网壳结构牵引部位进行加强，以保证结构在滑移时不被破坏。

（4）柱面网壳滑移就位后，两端分别设置两个千斤顶，以使支座落位。

（5）在各阶段累积滑移过程中，按网壳离开支架滑移时的最不利情况，对其杆件的最大内力和最大挠度进行验算。

5.2.4 实施效果

（1）该技术可减少在高空拼装焊接带来的安全危险，避免高空焊接的质量缺陷，节约大量高空支架与大型吊装设备，保证安装质量。

（2）整片网架分数段依次累积滑移。网架各段之间可以进行流水施工，工序可以交叉作业、互不影响，可以大大节省工期，减少窝工现象，减少工程投入。

5.2.5 工程案例

华能北京热电有限责任公司干煤棚网壳项目，网壳长210 m，跨度为120 m，高度36.8 m，厚度为3.8 m，为三圆心落地式网壳，网壳结构下部为4.5 m高直段。应用钢结构高空滑移安装技术进行安装（见图5-2），施工速度快，综合效益明显。

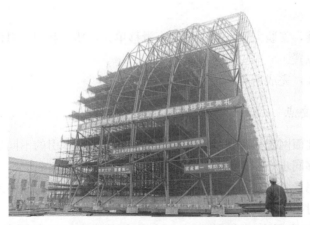

图 5-2　华能北京热电有限责任公司干煤棚网壳滑移施工

5.3　箱形钢板剪力墙体技术

5.3.1　适用条件和范围

该技术主要适用于高层钢结构施工，特别是针对箱形钢板剪力墙装配式钢结构。

5.3.2　技术要点

箱形钢板剪力墙结构体系主要包括：组合型钢管柱脚，组合型钢管柱，组合箱形钢板剪力墙墙脚，组合箱形钢板剪力墙，组合 H 型钢梁，梁与墙、柱连接节点，钢板墙与楼板的连接等一系列专利节点构造的组合体系。

筏板预埋段是整个结构体系的基础，预埋段柱脚的施工应确保其位置准确无误，以满足上部施工较高的精度要求。通过轴线测量校验和加固措施保证预埋段钢柱（剪力墙）浇筑的稳定性，保证轴线传递和标高传递的准确性，确保上部对接钢柱的整体定位偏差符合要求。合理划分施工区域和吊装顺序，保证钢梁吊装效率和已完成竖向构件的整体稳定性。采取有效焊接方法和防护措施，保证整体焊接质量。

5.3.3　施工要求

（1）利用 3D 建模软件，根据图纸尺寸进行 1∶1 模型搭建，所有工程实体信息在模型中均可等值计取与查询（见图 5-3）。对设计图纸中的"错、漏、碰、缺"等问题，与设计沟通，进行优化调整。

图 5-3 模型搭建

（2）首先选择合理的竖向构件加工分段位置，一般 2～3 层为一节。然后根据塔吊的覆盖范围和起重量参数，选择覆盖范围尽量大的塔吊方案，保证作业半径和起重量满足施工要求。必要时，根据划分区段，对塔吊进行增设或移位。最终在施工方案中确定塔吊平面分布图。

（3）在筏板预埋段施工过程中，必须对预埋定位进行严格质量控制，确保安装精度，同时应采取加固措施，保证混凝土浇筑后构件整体的稳定，不出现大的偏移。筏板预埋段的定位安装控制要点如下：

①构件出厂前，在车间对柱脚钢板角钢预先进行加固。

②技术人员根据工程施工图纸进行轴线定位抄测放样，在基础防水保护层上放出柱脚定位轴线及控制线。

③柱底预置槽钢，预埋段钢柱（剪力墙）就位后与预置槽钢处进行加固固定，见图5-4。

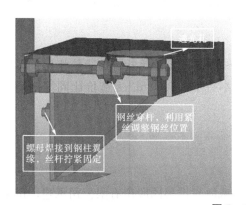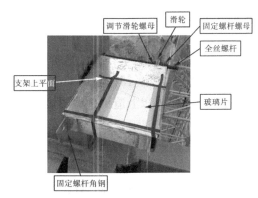

图 5-4 安装固定

（4）保证轴线传递和标高传递的准确性，确保上部对接钢柱的整体定位偏差符合要求。

①使用激光垂准仪进行轴线的传递工作。根据基础层轴线控制网，横纵各选择一条基准轴线，把基础轴线网准确向上传递。

②标高的传递，底层钢柱每一段均从柱顶抄测标高控制线，该控制线位置在抄测楼层顶面 0.5～1.5 m 高度为宜，下一支钢柱安装前要对上一施工段钢柱的柱顶标高进行抄测。标高偏差的，应在钢柱对接处调整到位，同时应校核各施工段的累积标高偏差，

累积偏差超差的进行同步调整。

（5）钢梁吊装顺序按先主梁后次梁的原则进行。主梁吊装随柱子吊装，次梁安装待区域内主梁全部安装完毕后进行。为加快工作效率、避免交叉作业，钢梁吊装合理划分施工区域，平面吊装顺序按中心单元向四周单元的顺序进行。控制安装尺寸，防止安装误差积累，同时保证结构整体的稳定性。

（6）主梁吊装、高强螺栓终拧完成并经校正合格后即可进行钢柱对接焊缝的焊接，钢柱焊接完成后进行主梁与钢柱的焊接。钢柱及钢梁焊接由钢板剪力墙依次向四周对称进行，同时对焊接完成的焊缝及时进行清理、补漆。每层钢柱对接焊缝使用预先搭设好的焊接平台，正常对接节点距每层楼地面约1.3 m，作业面设置在施工层楼面；梁柱节点焊接需搭设脚手架，设置作业面。

5.3.4 实施效果

（1）工期快，充分发挥钢结构的优势。结构体系为全钢结构，整体性施工，基本无须支模，现场施工人数仅20%左右。多个作业面互相独立，无干扰施工。

（2）结构安全性高。剪力墙、柱、梁主体材料均为钢结构，为均质弹性材料，抗震性能和变形性能好。结构构件均在工厂完成，误差在2 mm以内，出厂检验完备。所有构件均为唯一编号，从材料到加工、焊接，油漆的质量责任均可追溯。

（3）剪力墙、柱构件尺寸小，有效使用面积大。住宅可实现户内无结构墙柱，户型可方便转换。柱边长尺寸为同样钢筋混凝土柱的1/2左右，突出墙面尺寸小。剪力墙与填充墙同厚，不突出墙面。柱网可以更大跨度，可以在12～14 m范围内不设柱，空间布置更方便。

（4）综合造价基本持平。

结构自重轻30%以上，基础造价节约15%～25%。与混凝土结构造价相比：多层造价钢结构略高10%～15%，100 m以下高层基本持平，100 m以上造价比同等钢筋混凝土结构低，200 m以上造价优势明显。

5.3.5 工程案例

威海创新经济产业园一期A1、A2楼工程由威海建设集团股份有限公司承建，位于青威高速以西，江苏路以南。A1、A2楼总建筑面积90963.15 m²，建筑高度96.95 m，建筑层数为地下2层，地上24层。威海市首例钢结构装配式高层建筑，采用箱型钢板剪力墙结构体系，结构安全性高，缩短了工期，确保了工程质量，达到了预期的效果。

6 模板与脚手架技术

6.1 铝合金模板施工技术

6.1.1 适用条件和范围

该技术适用于高层建筑以及表观质量要求达到清水混凝土效果的主体模板工程。

6.1.2 技术要点

（1）楼面顶板：楼面顶板标准尺寸为400 mm×1200 mm，局部按实际结构尺寸配置。楼面顶板型材高65 mm，铝板材厚4 mm。楼面顶板横向间隔≤1200 mm，则设置一道150 mm的宽铝梁龙骨；铝梁龙骨纵向间隔≤1350 mm，则设置150 mm×200 mm的快拆支撑头。

（2）梁模板：梁模板尺寸按实际结构尺寸配置。梁模板型材高65 mm，铝板材厚4 mm；梁底设单排支撑，间距1350 mm，梁底中间铺板，梁底支撑铝梁宽150 mm。

（3）墙模板：墙体模板标准尺寸为 400 mm×2600 mm（内墙板）及400 mm×2500 mm（外墙板），墙模板型材高65 mm，铝板材厚4 mm；外墙顶部加一层 200～300 mm宽的承接模板，起到楼层之间的模板转换作用；墙模板处需设置对拉螺杆，其横向和纵向设置间距≤800 mm；对拉螺杆为 M18 螺杆，材质为Q235；斜撑由上部斜撑杆、下部斜撑杆及斜撑固定点组成；斜支撑下端套入底板上固定点。

（4）拉杆体系：穿墙栓需要与PVC管和胶杯配合使用，胶管、杯头为PVC材质，须与拉杆配套使用。

（5）模板采用背楞加固，背楞采用60 mm×40 mm×2.5 mm 双方管进行加固，背楞断开处采用U字码连接，通过穿墙螺栓与背楞连接。

（6）铝合金模板材质采用 6061－T6 铝合金型材，型材化学成分、力学性能应符合现行国家标准《一般工业用铝及铝合金挤压型材》GB/T 6892 的规定。

6.1.3 施工要求

6.1.3.1 工艺流程

测量放样→安装墙柱钢筋（墙柱水电施工）→墙板涂刷隔离剂→安装墙柱铝模→安装梁铝模→安装楼板铝模→梁模楼板模涂刷隔离剂→安装梁板钢筋（梁板水电施工）→收尾加固检查→混凝土浇筑→拆除墙、柱、梁、板模板→拆除板支撑→拆除梁支撑。

6.1.3.2 施工要点

（1）铝模使用前，施工策划和图纸深化是重点。首先要编制施工组织设计，确定配合铝模施工的二次结构、楼地面、墙面、顶棚等部位工艺做法。铝模深化设计时，要充分结合其他工序，尽量将外墙洞口两侧的短墙、门洞顶部砌体及过梁、门窗小垛及构造柱结合到铝模图纸中随主体一次性浇筑，省时省力。

（2）铝模加工成型后，对模板构件分类、分部位排序。使用时转运到施工现场，将各构件对号入座，利用销钉组装固定。

（3）组装就位后，用钢管立杆做竖向支撑，可调支撑调整模板的水平标高；利用可调斜撑调整模板的垂直度及稳定性；利用穿墙对拉螺杆及背楞保证模板体系的水平刚度。

（4）在混凝土强度达到拆模条件后，仅保留竖向支撑，按先后顺序对墙模板、梁侧模板及楼面模板进行拆除，进入下一层的循环施工。

技术应用依据：《组合铝合金模板工程技术规程》JGJ 386、《铝合金模板拉片体系施工工法》LEGF—287—2018。

6.1.4 实施效果

（1）施工周期短，施工方便、高效。

（2）一套模板可重复使用 200 次以上，重复利用率高，综合使用成本低。

（3）成型效果好，拆模后可达到清水混凝土效果，无须二次抹灰。

（4）使用过程中不会产生大量建筑垃圾，符合低碳环保、绿色施工要求，见图 6—1。

图 6—1　施工现场

6.1.5 工程案例

（1）蓬莱碧桂园项目二期工程位于山东省蓬莱市，由烟建集团有限公司施工。该项目建筑高度98.88 m，总建筑面积为29586 m²，结构形式为框架剪力墙结构。工程地下1层，地上34层，层高2.9 m。从标准层开始使用铝合金模板，单体使用模板展开面积3800 m²。

（2）烟台恒大海上帝景首期工程位于山东省蓬莱市，由烟建集团有限公司承建。该项目建筑高度95.93 m，总建筑面积为217609 m²，结构形式为框架剪力墙结构。工程地下1层，地上32层，层高2.95 m。单体标准层使用铝合金模板展开面积约2500～4700 m²。

6.2 塑料模板施工技术

6.2.1 适用条件和范围

该技术适用于混凝土结构工程。

6.2.2 技术要点

塑料模板包括夹芯塑料模板、空腹塑料模板和带肋塑料模板等，选用时应采用阻燃性能符合要求的材料。塑料（PVC）模板（见图6-2）的生产工艺是把PVC材料粉碎后，在高温下用胶粘剂制作成型，韧性好、强度高，属于B2级阻燃材料。本产品周转次数能达30次以上，还能回收再造。温度适应范围大，规格适用性强，可以锯、钻、钉，能满足各种长方体、正方体、L形、U形及圆柱形的建筑支模的要求。模板表面的平整度、光洁度超过了现有清水混凝土模板的技术要求，既有阻燃、防腐、防水及抗化学品腐蚀的功能，又有较好的力学性能和电绝缘性能。

图6-2 塑料（PVC）模板

塑料（PVC）模板也可用于带钢（铝）边框的定型模板的面板，其施工工艺与技术要求可参照钢框胶合板模板执行。

6.2.3　施工要求

（1）塑料模板施工前应根据构件形状尺寸进行排版，严禁随意切割模板。

（2）塑料模板安装时应根据温度适当留置伸缩缝。

（3）塑料模板拆除后应做简单清理。塑料模板表面平整光滑，施工时不用涂刷隔离剂，拆模时应用铲刀、扫帚对模板表面做简单清理以除去浮浆。

技术应用依据：《塑料模板》JG/T 418。

6.2.4　实施效果

（1）塑料模板施工技术具有周转次数多、安装施工速度快、拆模简捷、倒模效率高、回收简便、混凝土成型平整光洁、表面质量好等优点。

（2）广泛用于各类建筑模板施工，能显著节约木材资源和施工成本，具有良好的综合效益。

6.2.5　工程案例

烟台总部经济基地企业服务中心位于烟台市莱山区，建筑面积31865 m²，地下1层，地上18层，建筑高度73.2 m，于2013年8月开工，2015年12月竣工。烟建集团有限公司采用塑料模板施工技术，效果良好。

6.3　覆塑模板应用技术

6.3.1　适用条件和范围

该技术适用于混凝土结构工程。

6.3.2　技术要点

（1）板面平整光滑，可达到清水混凝土模板的要求，脱模快速容易；板面平整度误差可以控制到0.3 mm以内；厚薄均匀度好，厚度公差可以控制到±0.3 mm之内，较适合用于钢框组合的模板。

（2）模板耐水性好，在水中长期浸泡不分层，材料吸水膨胀率<0.06%，板材尺寸稳定。耐酸、耐碱、耐候性好，温度在−60～130℃时都能正常使用。耐久性强，使用6

年的衰老度仅为15%，能正常使用8年以上。在沿海地区、地下工程、矿井、海堤坝等工程中应用较适宜。

（3）模板可塑性强，能根据设计要求，通过不同模具形式，生产出各种不同形状和不同规格的模板。模板表面可以形成装饰图案，使模板工程与装饰工程相结合，这是其他材料模板都不易做到的。

（4）模板加工制作简单，其制作工序和生产设备都较单一，板材用热压机即可快速模压成形。施工应用简便，塑料板材可以钻孔、钉、锯、刨，具有较好的加工性能，现场拼接很方便。

（5）模板可以回收反复使用。当塑料模板报废后，可以全部回收。经处理后，可以再生产为塑料模板或其他产品。施工应用整个过程中无环境污染，是一种绿色施工的生态模板。

6.3.3 施工要求

6.3.3.1 模板工程设计

（1）根据工程结构设计图，分别绘制各现浇构件的配模设计图、支撑设计布置图、细部构造和异型模板大样图。根据周转使用计划计算出所需塑料模板和配件的规格与数量。

（2）根据混凝土施工工艺和季节性施工措施，确定模板及支撑体系所承受的荷载，并按模板承受荷载的最不利组合对模板和支架的刚度、强度和稳定性进行验算。

（3）编制模板工程专项施工方案。内容包括：模板工程质量、施工安全的保证措施和塑料模板管理措施，塑料模板安装及拆除的程序和方法，施工进度计划，施工工艺流程，组织机构与劳动力组织，对操作人员进行岗前培训和技术交底，明确模板加工、安装的标准及要求。

6.3.3.2 模板加工

模板具有与竹（木）胶合板一样的加工性能，可切割、裁锯、开洞以及钻孔，施工简便。模板加工应按配板方案要求进行，整块模板锯开后，应将边缘打磨平顺。模板裁制时，应坚持科学、有效、节约、合理的原则。

6.3.3.3 模板安装和拆除

塑料模板安装应严格按设计图纸及工艺流程进行，做到拼缝严密、尺寸准确。塑料模板安装和拆除的工艺流程与竹（木）胶合板相近，根据塑料模板自身特点，施工时需注意以下几个方面：

（1）塑料模板的强度和刚度比竹（木）胶合板略低，应适当减小次（背）楞的间距或增加塑料模板厚度，才能可靠地承受新浇混凝土的自重、侧压力和施工过程中所产生的荷载及风荷载。

（2）模板安装时不得随意开洞，穿墙螺栓应穿在专用条板上。拆模时，不得用大锤硬砸或撬杠硬撬，须轻拿、轻放、轻撬。

（3）拆下的模板不应对楼层形成冲击荷载，不要让模板边角对着地面垂直下落。

（4）清理干净地面，防止下落的模板落在坚硬的建筑垃圾（铁钉、废钢筋）上造成板面损坏，影响下次使用。

6.3.4 实施效果

（1）周转使用率高，安装拆除方便快捷，成本优势明显。

（2）塑料模板导热系数很低，保温性能好，有利于混凝土强度的增长，混凝土观感较好。

（3）塑料模板是绿色可再生材料，大范围推广使用可节约木材，利于节能环保。

6.3.5 工程案例

楚凤花园三期工程5♯楼、6♯楼位于烟台芝罘区，5♯楼地上32层，6♯楼地上30层、地下车库2层。烟建集团有限公司采用覆塑模板施工技术，取得了较好的经济社会效益。

6.4 定型模壳施工技术

6.4.1 适用条件和范围

该技术适用于酒店、商场、写字楼、地下停车场等大跨度、大空间及其他大柱网的公共建筑的楼面结构工程。

6.4.2 技术要点

定型模壳施工技术是在现浇钢筋混凝土楼盖结构中采取埋芯式工艺，在楼盖内按设计要求每隔一定距离放置定型模壳后，绑扎梁板钢筋，形成现浇钢筋混凝土密肋楼盖。

6.4.3 施工要求

施工现场定型模壳安装如图6-3所示。

图 6-3 定型模壳安装图

6.4.3.1 工艺流程

模板及支架系统设计→测量放线（轴线、肋中心线，确定立杆位置，找平）→搭设模板支撑体系→安放可调顶托→安放主、次龙骨（方管）→调整密肋梁底标高及起拱→支框架梁模板→在框架梁底模上测量放线（轴线、肋中心线）→安放模壳→胶带粘贴缝隙→堵气孔→刷隔离剂→绑钢筋→隐蔽工程验收→浇筑混凝土、养护→拆模壳→拆除支撑系统。

6.4.3.2 保证措施

（1）在模板支设、钢筋绑扎安装及定型模壳的安装过程中，应先在底模上将模壳安装位置弹线，注意与底模的固定牢固，防止施工过程中模壳发生移位。

（2）混凝土浇筑前，应制定合理的浇筑线路。

（3）泵送混凝土坍落度应控制在 160～180 mm。

（4）浇筑过程中，采取减振措施，防止模壳在受到连续冲击荷载时受到损坏；振动棒不得触碰模壳，对跑模现象应及时处理。

（5）楼板及其支架必须有足够的强度、刚度和稳定性，其支架的支撑部分必须有足够的支撑面积。如安装在基土上，基土必须坚实，并有排水措施；对湿陷性黄土，必须有防水措施；在冻胀性上，必须有防冻融措施。

（6）待混凝土强度达到方案要求且不低于10 MPa时方可拆除模壳。

6.4.4 实施效果

（1）该技术利用模壳构件，减轻了建筑自重，提高了建筑自身的强度和抗震性能，降低了工程造价和劳动强度，增加了建筑的实用性和美观性。

（2）与普通梁板结构相比，可节约空间，降低层高，节约钢筋和混凝土用量，降低模板消耗，节约工程造价；与空心楼板相比，无须采取抗浮措施，施工更简便，更好地实现了节能环保的理念。

（3）模壳作为定型模板，使用次数较多。根据材料不同，周转次数可达 20～100 次，在使用时不需要单独进行模板加工，节约了人工和材料的投入。

6.4.5　工程案例

（1）水清木华·海韵城市广场 2♯楼、3♯楼工程位于烟台市莱山区，建筑面积共计约31865 m²，地上建筑面积19515 m²，地下建筑面积12440 m²，工程于 2013 年 5 月开工，2015 年 7 月竣工。采用了定型模壳施工技术，取得了较好的经济社会效益。

（2）四季苑一号小区工程位于烟台市莱山区孙家滩村，工程包括商住楼 4 栋，住宅楼 5 栋，网点 1 栋，地下车库 1 栋；总建筑面积137644.33 m²，工程于 2014 年 6 月开工，2016 年 6 月竣工。采用了定型模壳施工技术，取得了较好的经济社会效益。

6.5　预制混凝土薄板胎模施工技术

6.5.1　适用条件和范围

该技术适用于支模高度不大于1500 mm的承台、底板或者基础梁，以及类似地下埋入构件的胎模施工。

6.5.2　技术要点

遵循工厂化生产和装配式安装的基本思路，通过对大量工程承台和基础梁尺寸的统计，并考虑软弱土层不利影响，对预制混凝土薄板胎模的板块设计进行优化，确定合理尺寸模数和拼接方式，设计出一种尺寸合理、安装方便、拼接牢固、可批量进行工厂化生产的混凝土薄板。混凝土薄板通过平面钢片、转角钢片与预留孔眼进行螺栓连接，以快速简便的方式在垫层上装配，形成具有一定强度和刚度，能够承受侧向土压力且内面光滑的混凝土构件胎模，如图 6-4 所示。

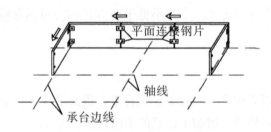

图 6-4　胎模体系拼装示意图

6.5.3 施工要求

（1）预制混凝土薄板制作流程：设计尺寸→设计配筋、混凝土强度等级→成型阶段（模具制作、钢筋绑扎、混凝土浇筑、振捣、预留孔洞）→养护阶段（送入蒸养室、静停、升温、恒温、降温）→脱模阶段（移出蒸养室、脱模、堆放）。

（2）预制混凝土薄板安装流程：定位放线→运送至现场→拼装转角薄板呈 L 形→安装钢片及螺栓加固→根部植入定位钢筋→顺序安装→校正安装完成的胎模垂直度、平整度、尺寸→水泥浆灌缝→分层人工回填外侧土方→防水施工。

预制混凝土薄板、连接钢片及安装示意如图 6-5～图 6-7 所示。

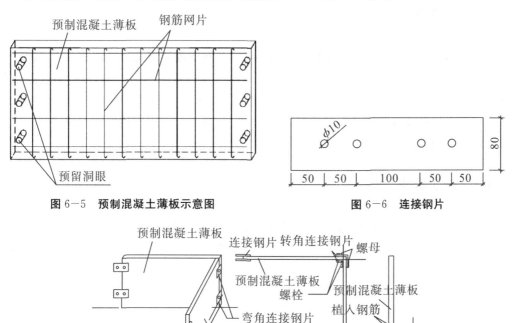

图 6-5　预制混凝土薄板示意图　　　　图 6-6　连接钢片

图 6-7　安装示意图

6.5.4 实施效果

（1）该施工技术为地基基础工程中的承台、基础梁和类似地下构件的模板施工提供了一种组装简洁、施工效率高的方法，可实现工厂化生产和装配式拼装，在保证施工质量的同时，缩短了工期，降低了成本。

（2）该技术减少了原材料用量及大量人工湿作业和建筑垃圾的产生，实现了节能减排，符合绿色施工要求。

6.6 早拆模板施工技术

6.6.1 适用条件和范围

该技术适用于各种类型的公共建筑、住宅建筑的楼板和梁，以及桥、涵等市政工程的结构顶板的模板施工。

6.6.2 技术要点

本技术是为实现早期拆除楼板模板而采用的一种支模装置和方法，其工作原理就是"拆板不拆柱"，拆模时使原设计的楼板处于短跨（立柱状态小于2 m）的受力状态，即保持楼板模板跨度不超过相关规范所规定的跨度要求。当混凝土强度达到设计强度的50%时即可拆除楼板模板及部分支撑，而柱间、立柱及可调支座仍保持支撑状态；当混凝土强度达到设计要求时，再拆去全部竖向支撑。

6.6.3 施工要求

施工时，安装立柱位置按早拆模板体系设计确定，不得随意进行安装及加固，保证立柱上下层处于同一水平线上。对于跨度较大的板面，支设模板时用起拱的方式来减少模板挠度产生的影响。在安装模板之前，应当仔细检查早拆柱头、立柱以及横杆等各个部件，不得使用不符合质量的残次品。

（1）绘制支撑杆的点位线图作为现场内支撑架体搭设的施工指导图，模板施工前放出将支撑杆件定位及墙位置控制线。

（2）早拆支撑施工和传统施工方法相同，应按照放出的支撑杆件点位线来搭设内支撑，严禁不按图施工私搭乱设。

（3）早拆柱头安放在支撑杆上部，插入支撑杆内的长度不得小于150 mm，早拆柱头安放后需对柱头上的标高进行调整，使早拆柱头顶在模板底部。

（4）早拆柱头标高调整后便可开始主次龙骨的安放。先将主龙骨安放在早拆托架上，然后在主龙骨上安放次龙骨。调节早拆托架的高度使次楞顶高度和早拆柱头钢板的高度相同。梁底和板底主次龙骨应独立支设，便于模板的拆除。

（5）模板铺设时必须按模板设计平面图支设，将模板铺设于次楞和早拆柱头上。模板铺设好再调整早拆柱头的高度，使其顶紧模板。

（6）模板分为两次拆除（见图6-8）。混凝土浇筑后同条件试块抗压强度达到设计强度的50%时开始模板的第一次拆除，只拆除楼板底部的主楞和次楞，保留模板及内支撑；待混凝土强度可以满足支撑全跨荷载及上部施工荷载时，再拆除早拆柱头及其支撑立柱。

图 6-8 现场早拆模板

6.6.4 实施效果

（1）早拆模板体系安装简单，通用性强，加快了支撑体系的周转；材料使用量仅占传统工艺的 40%，减少了材料中间堆放，便于施工现场的管理。

（2）早拆模板及支撑体系通过楼梯和楼板中预留的传料口以人工方式进行传递，降低了对塔吊以及其他辅助设备的依赖程度，缩短了施工工期。

（3）该技术节约了周转材料费用，降低了工程成本。

6.6.5 工程案例

菏泽中南花城项目，由天元建设集团有限公司施工，由 5 栋地上 34 层、地下 2 层的单体工程组成，建筑高度99.15 m，建筑面积约150000 m²。本工程从结构标准层 8 层开始使用早拆模板施工技术直至结构层封顶，单层面积850 m² 左右，每月可以达到 6~7 层的施工标准速度，大大缩短了工期，有效地降低了成本投入。每个单体工程只配备 1 套模板、3 套支撑体系，降低了模板的成本投入以及现场的模板堆放、周转、运输的费用。

6.7 集成式爬升模板技术

6.7.1 适用条件和范围

该技术适用于核心筒剪力墙高层建筑结构施工。

6.7.2 技术要点

集成式爬升模板技术采用液压自爬模板体系，主要由模板系统、液压系统、支架系统和埋件系统组成，见图 6-9、图 6-10。

图 6-9 集成式爬升模板外立面　　　图 6-10 集成式爬升模板主要组成部分

（1）模板体系主要由 WISA 板、木工字梁和背部钢围檩三部分组成。面板与木工字梁通过铁钉或木螺丝固定，钢围檩与木工字梁之间通过夹具连接，三者有机固结成一整体。

（2）支架系统主要包括承重架、上爬架和下吊架。

（3）液压动力系统包括液压油缸、液压泵和上下两个换向盒。

6.7.3 施工要求

（1）将后移插销解除，通过支架上齿轮齿条带动固定在支架上的模板整体脱模。用手拉葫芦将模板后移，后面有限位，实测最多可后移60 cm。

（2）安装附墙装置，确保高强螺栓紧固到位。旋松轨道撑脚，使其处于松弛状态。

（3）将上下换向盒的摆杆方向调整为同时向上，操作员启动液压设备，导轨开始爬升。

（4）导轨或者架体爬升控制台由专人操作，确保同步。

（5）将下层附墙及爬锥拆除，将轨道撑脚拧紧，准备架体爬升。

（6）旋松承重架下支撑，使其处于松弛状态。将上下换向盒的摆杆方向调整为同时向下，换向盒内棘爪向下顶住导轨梯档。

（7）承重架下支撑拧紧，合模前涂刷脱模剂，擦拭模板，将其清理干净。

（8）导轨爬升应符合下列要求：

①安装上部爬升连接螺杆并及时检查其实际位置与理论位置是否一致，不符合要求的应进行相应的调整；爬升悬挂件安装好后，应派专人检查其连接螺栓是否完全到位；用棉纱清洁导轨，并在导轨表面涂上润滑油；导轨爬升时，液压装置应由专人操作，现场施工负责人必须到场；与实验室联系确认混凝土强度是否已达到20 MPa以上。

②确认爬升准备工作完全符合要求后，打开液压油缸的进油阀门、启动液压控制柜，拆除导轨顶部安全销和承重销，开始导轨的爬升。

③导轨爬升过程中要注意保险钢丝绳是否牢固，但不得影响导轨的爬升。

④导轨爬升至接近上部埋件支座的高度时暂停，复核导轨与埋件支座上导轨槽口的位置是否一致。若不一致，调节下方的支撑脚，使导轨能够顺利地通过埋件支座的导轨槽口。

⑤导轨爬升到位后，应从右往左插上导轨顶部楔形插销，以确保插销锁定装置到位。下降导轨，使顶部楔形插销与埋件支座完全接触。

⑥关闭油缸进油阀门、关闭控制柜、切断电源，完成导轨的爬升。

⑦拆除下层爬架悬挂件，取出混凝土内的预埋锚锥，及时修补螺栓孔，以便进行爬架的爬升。

（9）爬架爬升应符合下列规定：

①爬架爬升前应清除爬架上不必要的荷载，如钢筋头、氧气乙炔空瓶等；抬起爬升导轨底部支撑脚，并旋转伸长使其垂直顶紧塔身混凝土面；将承重架下支撑的支撑脚完全缩回；检查爬架长边与短边的连接（如电线）等是否已解除及安全保护绳是否已套牢；检查爬架主电缆的长度，保证爬架爬升时电缆有足够的长度；爬架爬升时，液压装置应由专人操作，现场施工负责人必须到场；检查上节段混凝土修补是否已符合要求。

②经确认爬架爬升准备工作已完全符合要求后，打开液压油缸的进油阀门、启动液压控制柜，拔去安全插销，开始导轨的爬升。

③爬架架体荷载通过导轨来传递后，拔去承重销；在轨道上每爬升一个行程需通过对讲机联络，让爬架爬升操作者确认上下爬架是否都完全到位，到位后才可开始下一个行程爬升。

④当爬架爬升到位后，应及时插上承重销及安全插销，关闭油缸进油阀门、关闭控制柜、切断电源，完成爬架的爬升工作。

6.7.4 实施效果

（1）液压自爬模体系整体爬升，提升和附墙点在架体重心以上，爬升稳定性好，安全可靠。

（2）液压自爬模体系操作方便，一次组装完成后，一次到顶不落地，节省了近70%的模板与方木的使用量。模板进行自爬，原地清理，大大降低了使用塔吊的频次，节约了大量电力和人力。提供全方位的作业平台，不必为重新搭设操作平台而浪费材料和劳动力。

（3）爬升速度快，大大提高了施工速度，缩短了工期。

6.7.5 工程案例

夹河桥工程由烟建集团有限公司施工，位于夹河入海口，四周空旷，风力大，对安全要求较高。主塔采用钢筋混凝土框架结构。塔柱全高75.0 m，分别由上下塔柱、主塔横梁等部分组成。主塔施工于2017年5月开始采用集成式爬升模板技术施工，用时3个月完成，节省了大量的模板，提高了施工速度，取得了良好的经济及社会效益。

6.8 布料机与爬模（或钢平台）一体化技术

6.8.1 适用条件和范围

该技术适用于高层建筑、高耸构筑物混凝土结构施工。

6.8.2 技术要点

布料机与爬模（或钢平台）一体化系统由液压布料机、上下支座、钢结构底座、钢结构桁架和液压爬模架构成，见图 6-11。核心筒平台式布料机自带钢平台底座，与核心筒爬模上架体通过锚固连接同步带动其爬升。

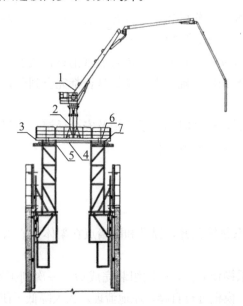

图 6-11 布料机与爬模一体化系统原理图

1—液压布料机；2—布料机下支座；3—钢结构底座；4—钢结构桁架；

5—液压爬模架；6—连接螺栓；7—U形螺栓

6.8.3 施工要求

（1）施工操作要点应符合下列规定：

①根据布料机型号和核心筒大小，设计钢结构桁架与底座尺寸。钢结构桁架与钢结构底座采用高强度螺栓连接，底座连接梁之间铺设防护钢网，外围设护栏。

②在地面上将布料机臂第一节的前部分安装到回转上下支座上，再将三节臂及连

杆、油缸装配在一起。

③钢结构桁架由纵梁组成，纵梁的两端开有螺栓孔，用 U 形螺栓插入螺栓孔，将钢结构桁架连接固定在液压爬模架上，如图 6-12 所示。

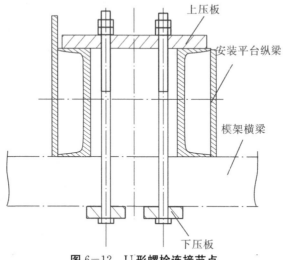

图 6-12　U 形螺栓连接节点

④钢结构底座的上平面中部设有两根方形钢梁，方型钢梁上设有四个脚板固定座，通过销轴将布料机下支座的连接脚板与方形钢梁脚板固定座连接。钢结构底座平面四个角处分别焊接有两根槽钢，槽钢上设栓孔，通过螺栓连接将钢结构底座固定在钢结构桁架上，如图 6-13 所示。

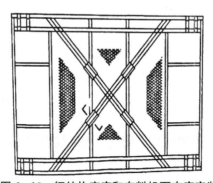

图 6-13　钢结构底座和布料机下支座安装

⑤采用塔吊将组装好的液压布料机吊装到布料机下支座，将液压布料机与其下支座连接牢固。所有连接的设备及液压元件安装后，安装混凝土输送管道。

（2）材料及设备包括成品工字钢、槽钢、螺栓、销钉、焊条、二氧化碳气体、电箱、电缆等，见表 6-1。

表 6-1　材料设备表

序号	设备名称	规格	备注
1	扳手	/	拧螺栓

序号	设备名称	规格	备注
2	水准仪	±1.5 mm/km	测量校正
3	塔吊	/	现场主体施工用塔吊
4	二氧化碳电焊机	KR－Ⅱ500	焊接用
5	混凝土布料机	HGY24/3	输送混凝土，可根据浇筑混凝土量选型
6	超声波探伤仪	/	焊缝检测用
7	焊规尺	/	焊缝几何尺寸检查
8	对讲机	/	即时通信
9	顶升油缸	工作推力80 kN，行程225 mm	液压爬模体系
10	油箱	/	液压爬模体系
11	爬模	RIMSCS80	液压爬模体系
12	钢丝绳吊索	6 mm×37 mm、∅30×8 m 6 mm×37 mm、∅24×4 m 6 mm×37 mm、∅18×4 m	用于安拆布料机、钢结构桁架等，吊索型号可由所用的塔吊进行选择
13	混凝土输送管	∅125	输送混凝土

（3）施工时应注意以下事项：

①液压爬模爬升时，禁止使用布料机。

②布料机工作结束时，应对其进行清洗。

③布料机臂处于无工作状态时应折叠收放，注意挂上安全钩，将布料机臂转向顺风方向。

④对布料机系统各部件定期进行检查、维护和保养。检查架体系统的连接部位和防护是否符合要求；电气控制系统应定期调试，及时更换易损件。

⑤布料机臂端部软管长度不得超过3 m，布料机不得用作起重机来起吊、拖拽物品。

⑥操作人员必须严格、谨慎地按使用说明书的规定进行操作布料机。

6.8.4 实施效果

（1）布料机爬升借助爬模系统，不需单独设置爬升动力系统，无须人工辅助，且无须结构留洞，提高了工作效率，节约了能源。

（2）该系统具有自重轻、可灵活吊装周转使用、不占用绝对工期、简化核心筒施工工序、节省工期等优点。

（3）应用该施工技术，可在保证质量安全的前提下，实现标准化、定型化、机械化。

6.8.5 工程案例

文化东路地块项目 A~D 栋楼及地下车库工程，由山东三箭建设工程管理有限公司施工，位于济南市历下区文化东路南侧，燕子山路西侧。建筑面积90328.43 m²，框架－剪力墙结构，开工时间为 2016 年 9 月 21 日，竣工时间为 2018 年 9 月 30 日。

6.9 定型化楼梯钢模板施工技术

6.9.1 适用条件和范围

该技术适用于楼梯模板支设。

6.9.2 技术要点

为解决土建主体施工阶段，由于楼梯造型较复杂而产生的模板支设时间长、难度大及周转率低下问题，可采用一种定型化可周转式楼梯钢模板，其适合于各式单元楼楼梯的模板组合拼接，拆卸方便，周转次数高。

楼梯模板中，踏脚板、辅助梯、斜板、底板和长梯段均采用薄型钢板材料。长梯段与辅助梯段通过长梯段凸块与辅助梯段凹槽紧密连接。踏脚板是通过长梯段上的斜槽镶嵌在长梯段上端的。踏脚板上还刻有刻度尺，可以控制两个长梯段之间的距离。长梯段和辅助梯段下端的螺钉均与斜板上的横孔贯穿连接，并通过螺母固定。此外，还通过第一 L 型角钢加固了长梯段和辅助梯段与斜板之间的连接。

6.9.3 施工要求

（1）楼梯钢模板包括横孔、踏脚板、辅助梯段、斜板、第一 L 型角钢、第二 L 型角钢、底板、斜槽、长梯段、长梯段凸块、辅助梯段凹槽、刻度尺、螺母和螺钉，见图 6-14。

斜板的内部设置有横孔，且斜板的上方设置有长梯段。长梯段的一端设置有长梯段凸块，另一端设置有底板。长梯段凸块的外壁设置有辅助梯段凹槽，辅助梯段凹槽的一端设置有辅助梯段。长梯段的上端设置有斜槽，斜槽的内部嵌入有踏脚板。长梯段与斜板的垂直端固定有第一 L 型角钢，且长梯段通过第二 L 型角钢与底板连接。踏脚板的上端设置有刻度尺。长梯段的底端设置有螺钉，螺钉的一端连接有螺母。

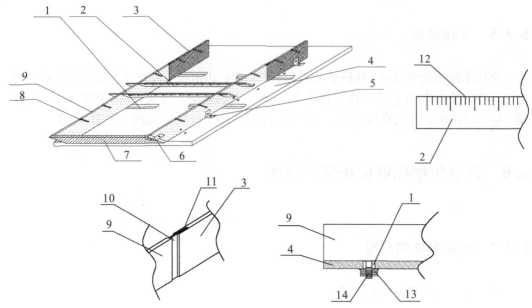

图 6-14　定型化楼梯钢模板示意图

1—横孔；2—踏脚板；3—辅助梯段；4—斜板；5—第一 L 型角钢；6—第二 L 型角钢；7—底板；
8—斜槽；9—长梯段；10—长梯段凸块；11—辅助梯段凹槽；12—刻度尺；13—螺母；14—螺钉

（2）为了提高模板周转次数，踏脚板、辅助梯段、斜板、底板和长梯段均为一种薄型钢板材料的构件。

（3）为便于长梯段与辅助梯段组合进一步拼接，长梯段的长度为2000 mm，且长梯段与辅助梯段连接的长度分别可为600 mm、300 mm和100 mm。

（4）为了进一步固定斜板和长梯段，螺钉贯穿横孔与螺母固定连接。

（5）为了长梯段与辅助梯段的固定连接，长梯段与辅助梯段通过长梯段凸块与辅助梯段凹槽进一步紧密连接。

6.9.4　实施效果

（1）可周转楼梯钢模版采用薄钢板现场拼接，相比普通楼梯木模板，控制方便，组合拼接快，省时省力，缩短了工期。

（2）定型化拼接，误差小，成型效果好；多次周转，大幅度降低了成本，减少了能源消耗，减少了木模板切割产生的噪音和粉尘，符合绿色环保要求。

6.9.5　工程案例

金华路33号改造项目一标段位于青岛市市北区会昌路与金华路交接，框架－剪力墙结构，建筑面积83745.42 m²，共包括5幢高层住宅楼（1#、2#、3#、4#、7#）及地下车库网点、产品展示中心。主楼为23～28层，产品展示中心、地下车库及网点2层。本合同工程开工日期为2015年8月1日，竣工日期为2017年1月20日，工程总造价 1.7 亿元。

6.10 工具式方钢吊模施工技术

6.10.1 适用条件和范围

该技术适用于建筑工程标准层降板房间的模板支设。

6.10.2 技术要点

快速拆装工具式方钢吊模体系,采用两根300 mm长、100 mm×50 mm×2.0 mm的方钢或50 mm×50 mm×2.0 mm的方钢与A14丝杆及山型螺母搭配组成阴角(阳角)标准件;采用一根100 mm×50 mm×2.0 mm或50 mm×50 mm×2.0 mm的长方钢,长度根据户型尺寸确定,与两根200 mm长、端部开口的50 mm×50 mm×3 mm的角钢组合焊接成连接杆件。

6.10.3 施工要求

(1)施工前,技术人员应对设计图纸进行认真审核,明确各降板房间的尺寸、户型样式和降板标高。

(2)根据各户型尺寸、样式绘制好方钢吊模加工图样。

(3)方钢吊模模具施工前,技术人员根据吊模加工图样对模具制作人员进行安全技术交底,使其明确各户型模具的制作尺寸、制作方式、工艺要求等。

(4)制作好的连接杆件应在其上根据房间户型用红油漆进行编号,以方便安装,避免用错部位。

(5)根据技术人员绘制的方钢吊模加工图样提前购买好相关材料,材料的质量、技术性能必须符合工艺要求,方钢、角钢强度及刚度应满足施工要求。

(6)方钢吊模体系搭设时,首先将连接杆件角钢开口处卡在标准件的A14丝杆上;然后用山型螺母将连接杆件与阴角(阳角)标准件固定;最后对组装好的吊模体系进行必要的加固,以免混凝土浇筑时吊模移位。

6.10.4 实施效果

(1)一套方钢吊模最少可连续施工2栋30层高楼而不会损坏,流水作业时可只采用一套模板进行周转使用。

(2)方钢一次加工成型,模板组装方便快捷,拆除简易且不易损坏混凝土结构,混凝土成型质量良好。

6.10.5 工程案例

城发·香江瑞城工程由中启胶建集团有限公司施工，总建筑面积约 1.1×10^5 m²，框架或剪力墙结构。工程共计有 2 栋 32 层的住宅楼、1 栋 23 层的办公楼。采用工具式方钢吊模施工技术，生活阳台、厨房等降板房间的阴阳角部位混凝土成型质量好，无木模施工时出现的质量通病。

6.11 压型钢板、钢筋桁架楼承板免支模施工技术

6.11.1 适用条件和范围

该技术适用于钢结构和型钢混凝土组合结构楼盖施工。

6.11.2 技术要点

（1）建筑压型钢板（见图 6—15、图 6—16）具有自重轻、强度高、承重大、良好的刚度和防水、抗震性能。施工过程中，压型钢板被视为混凝土楼板的永久性模板，减少了层板投入；其设计的钢板肋取代了部分受力钢筋，与混凝土具有很好的黏结强度，同时减少了钢筋绑扎量。

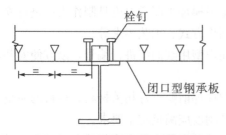

图 6—15　闭口型压型钢板断面图

图 6—16　闭口型压型钢板实例图

（2）压型钢板厚度为 0.5～1.5 mm，常用 0.8 mm、1.05 mm、1.2 mm；肋高为 45 mm、65 mm、70 mm，常用 65 mm；板宽为 510 mm、540 mm、600 m；材质为 Q235、Q345 钢材。

（3）装配式钢筋桁架楼承板技术实现了机械化生产，有利于钢筋排列间距均匀、混凝土保护层厚度一致，提高了楼板的施工质量，减少了现场钢筋绑扎工程量。装配式楼承板和连接件拆装方便，可多次重复利用，节约钢材，降低成本。

6.11.3 施工要求

（1）压型钢板施工应符合下列规定：

①压型钢板施工之前应及时办理有关楼层的钢结构安装、焊接、节点处高强度螺栓漆等工程的施工隐藏验收。

②深化压型钢板排版，并形成材料表。

③根据现场情况拟订生产计划、运输计划，保证施工现场供货及时。

④复核梁、墙结构，保证铺装平整，符合排版和设计要求。

⑤根据设计铺装方向依次安装，压型钢板交接处打钩扣严。

⑥压型钢板在梁上的搭接长度不应小于50 mm，如图6-17所示。

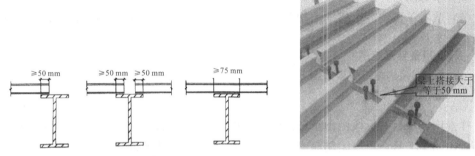

图6-17 压型钢板梁上搭接节点图

⑦压型钢板铺设完毕、调直固定后，应及时用专用夹具夹紧进行锁口，防止由于堆放施工材料和人员交通造成压型板咬口分离以及漏浆问题。

⑧在已经铺装好的压型钢板上进行测量放线，以便栓钉焊接位置准确。检查压型钢板与钢梁间间隙应控制在1 mm内，焊接位置保持干燥。焊接采用穿透焊，栓钉直接穿透压型钢板焊接在钢梁上，如图6-18所示。

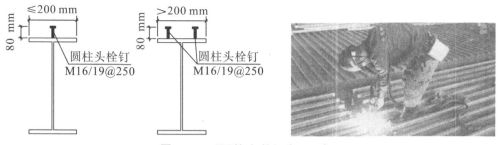

图6-18 压型钢板栓钉施工示意图

⑨钢筋吊运。在钢梁位置均匀放置方木，钢筋均匀堆放在方木上，避免压型钢板变形。钢筋绑扎完成后，设置专用走道，不得随意踩踏钢筋。

（2）装配式钢筋桁架楼承板应符合以下技术要求：

①装配式钢筋桁架楼承板应按照排版图进行安装，控制好模板基准线及钢筋桁架起始端基准线。钢筋桁架下弦钢筋混凝土保护层厚度为20 mm。确定板长时，桁架下弦钢

筋伸入梁边的锚固长度不应小于 5 倍的下弦钢筋直径，且不应小于 50 mm。

②施工阶段，钢筋桁架模板的最大挠度应按荷载的标准组合进行计算，挠度与跨度的比值不大于 1/180，也不大于 20 mm。采用钢筋桁架楼承板时楼板厚度为 100～200 mm，施工阶段无支撑跨度为 3～5 m。

③严禁局部混凝土堆积高度超过 0.3 m，严禁在钢梁与钢梁、或立杆支撑之间的楼承板跨中部位倾倒混凝土，不得将泵送混凝土管道支架直接支承在装配式钢筋桁架楼承板的模板上。

6.11.4 实施效果

（1）施工安装方便、快速，可多层同步施工，工期短，减少了安装、运输的工作量，节省了劳动力，工期效益明显。

（2）节省了传统方法搭支撑架的工艺，同时节约了 40％的钢筋工程量，减少了材料用量，节材效果明显，综合经济效益好。

6.11.5 工程案例

祥泰广场项目一标段由山东三箭建设工程管理有限公司施工，项目位于济南市市中区英雄山路 147 号，英雄山路西侧。该工程地上 36 层，建筑面积为 53903.52 m²；地下车库为框架结构，地下 2 层，建筑面积为 15731.77 m²。开工时间为 2012 年 8 月 18 日，竣工时间为 2015 年 2 月 10 日。

6.12 箱涵组合钢模整体浇筑技术

6.12.1 适用条件和范围

该技术适用于单孔跨度不超过 5m 的现浇钢筋混凝土箱涵结构施工。

6.12.2 技术要点

（1）模板支架体系（见图 6-19）可以一次性搭设成型，实现箱涵混凝土一次浇筑成型。通过支架立柱底支撑，将立柱传来的上部荷载传递到混凝土垫层。支架立柱底支撑与竖向、横向支撑、剪刀撑和外部斜撑形成整体刚性受力体系，有效限制了模板支架体系在水平和垂直方向的变形。

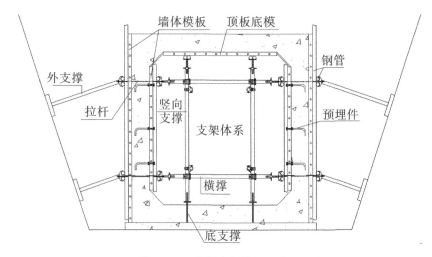

图 6-19　模板支架体系示意图

（2）采用一种拉杆（见图 6-20）代替普通对拉螺栓，将拉杆卡置于上、下钢模板之间，将山型卡穿过螺丝杆固定横向钢管，实现了钢模板的无损加固。

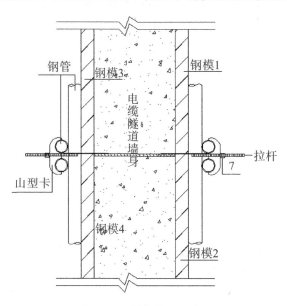

图 6-20　拉杆使用示意图

（3）通过方木拼接钢模板并在方木上安装预埋螺栓（见图 6-21），避免了在钢模板上打孔，实现了预埋螺栓在钢模板上无孔预埋，保证了钢模板的完整性，提高了钢模板的周转次数。

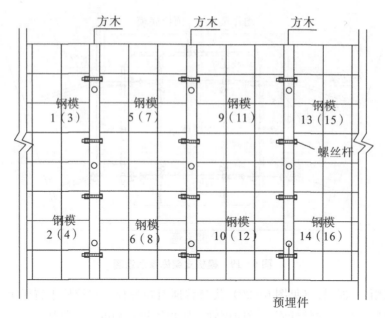

图6-21 方木拼装模板及预埋螺栓安装示意图

（4）使用"云梯筋"（见图6-22，一种连续式组合马凳筋）代替马凳筋，对上、下两层钢筋网片形成了有效约束，有效限制了底板和顶板的上、下两层钢筋网片的相对位移，大大增强了两层钢筋网片的整体性。

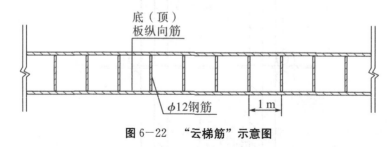

图6-22 "云梯筋"示意图

（5）使用管沟对称浇筑辅助工具，提高了墙体混凝土的浇筑效率，确保了两侧墙体混凝土同步浇筑，保证了浇筑过程中模板体系受力均衡，大大提高了施工过程中的安全性。

6.12.3 施工要求

（1）主要材料与设备选用见表6-2。

表6-2 主要材料与设备

序号	名称	规格	单位	备注
1	钢管底支撑	—	个	支撑脚手架立柱
2	钢管	Ø48 mm×1500 mm	根	脚手架立柱

序号	名称	规格	单位	备注
3	建筑丝杠	—	个	—
4	方木	50 mm×50 mm	m	固定预埋件
5	模板	厚度 5 mm	m²	侧墙及顶板模板
6	扁铁	20 mm×2 mm	m	自制拉杆固定内外模板
7	螺杆	∅10 mm	根	自制拉杆固定内外模板
8	钢筋	—	t	依照图纸
9	混凝土	—	m? 锤	依照图纸
11	交流电焊机	75 kV	台	
12	钢筋弯曲机	∅40 mm	台	
13	混凝土泵车	—	台	
14	振捣棒	插入式	台	

（2）支架立柱底支撑一般采用∅16～∅22 mm的钢筋余料制作，竖筋长度为底板厚加150 mm，两横筋长度均为100 mm，上、下横筋与竖筋三者相互垂直焊接，上部横筋高于底板上表面50～100 mm。

（3）自制拉杆由螺丝杆、扁铁、钢筋焊接而成。自制拉杆中间一般为∅12～16 mm的短钢筋，长度小于设计墙身厚度10～20 mm。钢筋两端分别与两块扁铁焊接，扁铁长150 mm、宽30 mm。扁铁外侧与螺丝杆焊接，螺丝杆尺寸一般为∅12～∅16 mm、长150 mm，扁铁与螺丝杆、钢筋采用双面焊接，保证了拉杆整体强度。

（4）采用 50 mm×50 mm 的方木，方木长度与模板高度相同。使用冲击钻在方木上钻出∅14 mm的预留孔，预留孔位置与钢模板侧边孔洞相对应，使用∅12 mm的螺丝杆通过预留孔将方木与两侧钢模板拼接牢固。根据设计图纸对电力预埋螺栓的位置要求，使用冲击钻在方木上钻出预留孔（以上两孔洞相互垂直不交叉）。

（5）"云梯筋"的竖筋使用钢筋余料制作。竖筋沿纵向长度间距为1 m，与纵向筋焊接牢固。"云梯筋"与上、下两层横向钢筋绑扎牢固。

6.12.4 实施效果

（1）通过使用组合钢模板代替传统的木模板，实现了"以钢代木"，周转次数高，降低了木材的消耗，节材效果明显。

（2）箱涵一次性整体浇筑成型，消除了水平施工缝，提高了工程质量，解决了施工缝处易出现渗水、漏水现象的质量通病。

（3）施工工艺流程及装置简单易行，方便操作，有效缩短了工期，降低了施工成本，确保了工程质量。

6.12.5　工程案例

济南市刘长山路西延长线一期道路及桥涵工程第二标段，箱涵工程为钢筋混凝土结构，设计总长度为3728 m，断面尺寸为2.1 m×2 m，墙体厚度为250 mm，主体混凝土采用C25防水商品混凝土，每隔30 m设一道沉降缝。2010年在刘长山路西延长线一期道路箱涵工程率先实施，2012年济南市西客站片区市政道路三期工程道路 BT 施工项目三标段箱涵工程推广应用。

6.13　五段式对拉螺栓应用技术

6.13.1　适用条件和范围

该技术适用于剪力墙模板加固。

6.13.2　技术要点

（1）五段式对拉螺栓包括丝杆、锥形体、外接杆，如图 6-23 所示。

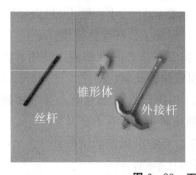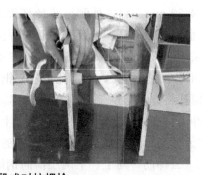

图 6-23　五段式对拉螺栓

①丝杆采用$\varnothing$10 mm 的圆钢，两头带丝，两端与锥形体进行连接。

②锥形体连接丝杆与外接杆，大面与模板接触，可有效防止漏浆。根据设计要求，锥形体可有效控制墙体厚度，误差在2 mm以内。可拆卸进行循环利用。

③外接杆用于与锥形体的连接及横向钢管龙骨的加固。可拆卸进行循环利用。

（2）操作工具包括电动扳手、手动扳手，如图 6-24、图 6-25 所示。

①电动扳手用于安装和拆卸锥形体及外接杆，外接杆专用扳手扣件用于配合电动扳手安装和拆卸外接杆，锥形体专用扳手扣件用于配合电动扳手安装和拆卸锥形体。

图 6-24　操作工具

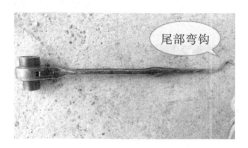

图 6-25　手动扳手

②手动扳手用于手动安装和拆卸外接杆螺母，尾部弯钩用于调节丝头对准模板上的螺栓眼进行模板安装。

6.13.3　施工要求

（1）施工控制目标为：锥形体与丝杆进行有效扭紧，力矩达到要求；模板螺栓孔位置准确，锥形体与模板进行有效接触；外接杆与锥形体进行有效扭紧，力矩达到要求。

（2）五段式对拉螺栓操作流程如下：

①提前将丝杆与两端锥形体进行组装（见图 6-26）。

图 6-26　现场组装

②将整配好的墙模板单侧进行安装，使用电动扳手将组装好的丝杆与外接杆加固到

模板上（见图6-27）。

图6-27 现场装配

③将整配好的另一侧模板进行安装，使用手动扳手的弯钩将锥形体的丝头对准螺栓眼（见图6-28）。

图6-28 丝头对准螺栓眼

④使用电动扳手将另一侧的外接杆上紧（见图6-29）。

图6-29 现场安装

⑤安装墙端头模板，安装竖向方钢龙骨、横向钢管龙骨，完成模板加固体系后方可进行混凝土浇筑（见图6-30）。

图 6-30 安装后效果

⑥模板拆除时，使用电动扳手将外接杆及锥形体卸下，进行集中回收，以备周转使用（见图 6-31、图 6-32）。

图 6-31 回收利用

图 6-32 拆除部件

⑦拆模后，螺栓孔处混凝土密实、无漏浆，混凝土表面平整、观感良好，截面尺寸准确（见图 6-33）。

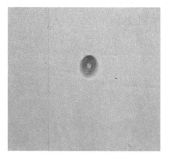

图 6-33 拆模后螺栓孔

技术应用依据：《五段式对拉螺栓施工工法》SDSJGF 525—2017。

6.13.4　实施效果

本技术经过工程应用，实现了安装速度快、截面尺寸准、垂直平整高、观感质量好的施工效果，节约材料且配件可重复利用，符合绿色施工相关要求。

6.13.5　工程案例

（1）三滩棚户区改造工程由威海建设集团股份有限公司施工，建筑面积为72333.81 m²，剪力墙结构，地上11层，地下1层，结构层高2.9 m。采用五段式对拉螺栓进行剪力墙模板加固，与传统老式对拉螺栓加固相比，共节约费用12.355万元。

（2）威海客运中心（南站）综合服务区工程由威海建设集团股份有限公司施工，建筑面积为112899.5 m²，地上30层，地下2层。剪力墙模板加固系统采用五段式对拉螺栓，实现了安装速度快、实测合格率高、观感质量好的施工效果，工程获得山东省优质结构奖。

6.14　自爬式卸料平台施工技术

6.14.1　适用条件和范围

该技术适用于采用附着式升降脚手架的高层建筑在二次结构施工时的卸料作业。

6.14.2　技术要点

自爬式卸料平台（见图6-34）由转轮式防坠器（导座）、导轨、轻钢结构平台及操作小平台（拆除吊挂件用）组成。在主体结构外圈梁预留孔洞，通过高强螺杆将导座与主体结构固定，作为自爬式卸料平台的主要受力点。两边导轨通过导座固定在建筑物外围，轻钢桁架卸料平台及操作小平台依附在导轨上。

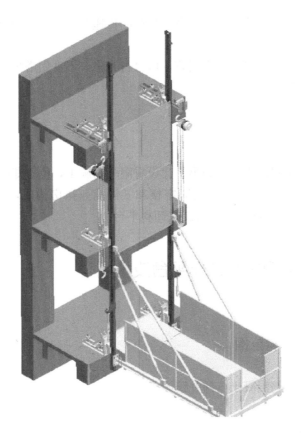

图 6-34 自爬式卸料平台

6.14.3 施工要求

（1）施工工艺流程：预留孔洞→料台主体组装→导座导轨安装→连接料台主体和导轨→安装斜撑杆→底部小平台组装→底部小平台与导轨连接→安装小平台斜撑杆→自爬式卸料平台吊装→斜拉钢丝绳安装→翻板制作→检查与验收→提升循环使用。

（2）安装时，将导轨与平台结构及导座一起在地面上拼装完毕，利用塔吊将拼装好的卸料平台吊运至安装位置，利用高强螺杆与主体结构连接固定即可。

（3）需要爬升时，利用结构上的预留孔安装提升支座将电动葫芦安装在提升支座上，利用电动葫芦锁链通过设置在导轨上的上吊点可以实现卸料平台依靠导轮组沿导轨的上下相对运动，从而实现自爬式卸料平台的升降运动。

6.14.4 实施效果

与传统卸料平台相比，自爬式卸料平台具有以下优势：

（1）自爬式卸料平台操作十分简单，相对工程量大的操作仅是平台的安装、拆除，劳动强度低，操作快捷方便。

（2）承力结构可靠，传力简单明晰。荷载的传递顺序为平台→料台主体→斜撑杆→导轨→导座→建筑主体结构。

（3）自爬式卸料平台只需一次安装，可自行升降，不占用塔吊，可节约大量材料和人工，成本节约效果显著。

6.14.5 工程案例

正弘国际广场工程由中建八局第一建设有限公司施工，位于郑州市金水区东风路以南、科新路以东。由两座185 m超高写字楼和8层商业裙房构成，建筑面积39万 m²，地下3层，地上39层，项目采用自爬式卸料平台。

6.15 整体提升电梯井操作平台技术

6.15.1 适用条件和范围

该技术适用于钢筋混凝土电梯井筒施工。

6.15.2 技术要点

采用定型化操作平台（见图6-35）及装有折叠式作业平台，以适应于不同尺寸的电梯井道。在操作平台主体框架中安装滑轮及弹簧调节装置，以确保在提升过程中保持操作平台的平衡。操作平台通过附墙支座固定于主体结构上，采用电动葫芦作为动力装置，并装有防坠落装置。

图6-35 整体提升电梯井操作平台

6.15.3 施工要求

整体提升电梯井操作平台技术在实施过程中要综合考虑多种因素，满足现行国家标准要求。

（1）主体框架制作与组装：采用80 mm×80 mm×5 mm的方管，对方管进行下料，下料尺寸允许偏差5 mm。方管下料尺寸检查合格后，对方管进行焊接组装。要求焊接达到三级焊缝要求，焊缝波纹均均匀，无气孔和烧伤现象，焊缝宽度≥10 mm。

（2）作业平台制作与安装：对压花板进行下料，在作业平台四周将压花板与主作业面采用合页连接，形成折叠式翻板。压花板下料尺寸允许偏差5 mm。压花板下料尺寸检查合格后，采用合页连接安装作业平台。要求合页轴线在同一水平线上，偏差≤5 mm。

（3）安装滑轮和弹簧调节装置：在操作平台主体框架四角进行钻孔，孔径为∅20 mm，要求孔位偏差≤5 mm。安装滑轮和弹簧，滑轮采用直行式滑轮，通过螺杆与架体相连，而弹簧套在螺杆上。组装成弹簧调节装置，能够使操作平台在爬升过程中保持平稳。

（4）预埋附墙支座螺栓套筒：预埋螺栓套筒随电梯井壁混凝土结构施工进度进行埋设。根据设计位置，分别在电梯井相对两壁上预埋两个螺栓套筒，上部套筒距离楼层顶板350 mm，下部套筒距离楼层顶板750 mm。预埋螺栓套筒与邻近钢筋绑扎固定，并在预埋套筒的两端用胶带纸封住，防止混凝土进入。要求预埋螺栓套筒的位置偏差≤5 mm。

（5）附墙支座制作与固定：对槽钢进行下料、焊接组装。要求焊接达到三级焊缝要求，焊缝波纹均匀，无气孔和烧伤现象，焊缝宽度≥10 mm。完成后在附墙支座上涂刷防锈漆。混凝土浇筑完成后，检测电梯井壁混凝土强度，达到10 MPa后方可将附墙支座与电梯井壁通过套筒用螺栓连接进行固定，并在剪力墙外侧加钢垫块固定。

（6）安装动力装置：操作平台用两个电动葫芦作为动力装置，电动葫芦采用DHS型环链电动葫芦，额定起重量4000 kg，提升速度1.5 m/min，提升高度2~5 m，电机功率500 W，整机重量52 kg。将电动葫芦挂在附墙支座上，并将电动葫芦的链钩挂于操作平台架体的底部，使操作平台、附墙支座和电动葫芦形成整体提升体系。

（7）安装防坠落装置：将自控式防坠器固定于主体框架上，将防坠杆固定于附墙支座上，组装形成操作平台的防坠落装置。防坠器制动距离≤50 mm，能够及时有效地防止坠落，保障操作平台的安全。

（8）荷载试验：操作平台安装完成后，进行荷载试验，将20袋沙袋（每袋50 kg，共1000 kg）均匀堆放于操作平台上，负荷持续1 h，经观测无位移和变形后方可进行使用。

6.15.4　实施效果

（1）与传统施工技术相比，无须搭设脚手架支撑体系；采用电动葫芦作为动力装置，能够快速平稳地向上提升，无噪音影响，减少了提升时间，提高了提升效率。

（2）采用定型化全钢结构，操作平台可以调节尺寸，能够适用于不同尺寸的电梯井道，可进行周转使用，降低了成本。

6.15.5　工程案例

润地·中央上城工程由天元建设集团有限公司施工，剪力墙结构，地下2层，地上33层，标准层层高2.9 m，建筑总高度96.15 m，共有24个高层电梯井道，2种不同尺寸电梯井道（2.0 m×2.0 m、2.1 m×2.2 m）。本工程采用整体提升电梯井操作平台技术，操作平台为全钢结构组装而成，节约了材料和成本；动力装置采用电动葫芦，提升一层只需用时18.6 min，提升效率高。

6.16　钢网片脚手板技术

6.16.1　适用条件和范围

该技术适用于脚手架工程。

6.16.2　技术要点

（1）菱形孔径：40 mm×80 mm，厚度有 3.5 mm、4.0 mm、4.5 mm、5.0 mm，常规厚度采用 4.0 mm。

（2）承载能力：每块钢网片可承载 3 kN/m² 的荷载。

（3）抗拉强度：网面结构坚固，冲压型生产工艺，表面无焊接点，每延米可抗100 kN拉力。

（4）表面防滑、耐磨：波浪形平整网片，具有很好的防滑、耐磨效果。

（5）重复利用率高：钢网片不易变形、损坏，每块可重复利用5次以上。

6.16.3　施工要求

在纵横杆上铺装钢网片脚手板，脚手板与横纵杆利用钢丝进行固定，操作方便快捷。

6.16.4 实施效果

（1）与木跳板相比，钢网片脚手板寿命长，周转次数多，能够减少一次性投入，有显著的经济效益。

（2）钢网片脚手板安装拆卸方便灵活，使用方便，强度高，刚度好，防火效果良好，安全可靠。

6.17 附着式升降脚手架技术

6.17.1 适用条件和范围

该技术适用于高层建筑外立面造型及层高相对规则，无较大变化的主体结构施工。

6.17.2 技术要点

（1）技术原理：内外桁架通过脚手板连接在一起，并与导轨形成一体，提高了脚手架刚度和承载力；通过在主体结构外围框架安装预埋件，固定导向支座，每个机位安装两个限位卸荷装置，用电动葫芦提升架体，在架体提升过程中通过卸荷装置传递施工荷载，架体可以安全平稳地提升。

（2）技术指标：架体高度不应大于5倍楼层高，架体宽度不应大于1.2 m；两提升点直线跨度不应大于7 m，曲线或折线不应大于5.4 m；架体全高与支承跨度的乘积不应大于110 m²；架体悬臂高度不应大于6 m和2/5的架体高度；每点的额定提升荷载为100 kN。

6.17.3 施工要求

附着式升降脚手架的组成包括：架体结构、附着支承装置、提升机构和设备、安全装置和控制系统。

（1）架体结构由竖向主框架、水平梁架和架体板组成。竖向柱框架是脚手架的重要组成构件，与附着支承装置连接，并将架体荷载传给工程主体结构。水平梁架要求采用定型焊接或者组装的型钢桁架结构，不准采用钢管扣件连接。

（2）附着支承与工程结构每个楼层都必须设连接点，确保架体竖向主框架能够承受全部设计荷载，防坠落与倾覆作用的附着支承构造不得少于两套。

必须设置防倾覆装置，即在采用非导轨或非导轨附着方式（导轨或导座既起支承和导向作用，也起防倾覆作用）时，必须附设防倾导杆。

（3）常用的提升设备为电动葫芦，升降必须设置同步控制装置，同步升降装置应该具备自动显示、自动报警和自动停机功能。

（4）附着式升降脚手架的安全装置包括防坠和防倾装置。防坠装置是为防止架体坠落的装置，即在升降或使用过程中一旦因断链（绳）等造成架体坠落时，能立即动作，及时将架体制停在附着支承或其他可靠支承结构上，避免发生伤亡事故。防倾装置可采用防倾导轨及其他适合控制架体水平位移的构造。为了防止架体在升降过程中发生过度的晃动和倾覆，必须在架体每侧沿竖向设置两个以上附着支承和升降轨道，以控制架体的晃动不大于架体全高的 1/200 和不超过60 mm。

技术应用依据：《工具式钢网附着升降脚手架施工工法》LEGF-233—2014。

6.17.4　实施效果

（1）施工速度快：架体每提升一层，需要 1~2 小时，不占用塔吊使用时间。

（2）安全性好：采用多重附着于建筑外墙，设置多重水平防护，操作人员始终处于架体防护范围内，可有效防止落物打击和人员坠落。

（3）节约材料：架体搭设不超过 5 层高度，根据施工进度逐层升降；相比于钢管悬挑脚手架，可节约大量的钢管、扣件、脚手板和安全网。

6.17.5　工程案例

（1）淄川水岸新城 5#楼项目（山东金城建设有限公司），框架剪力墙结构，地下 3 层，地上 30 层，建筑面积26517 m²，建筑高度87.3 m。该工程于 2014 年主体结构施工时采用钢网附着式升降脚手架，整个架体安全可靠，提升稳定。

（2）淄博商会大厦项目（山东金城建设有限公司），建筑面积54269 m²，框架-核心筒结构，地下 2 层，地上 24 层，建筑高度98.6 m。该工程于 2016 年主体结构施工时采用钢网附着式升降脚手架，具有经济、环保、安全的特点。

6.18　装配式剪力墙结构悬挑脚手架技术

6.18.1　适用条件和范围

该技术适用于装配式剪力墙结构外墙施工。

6.18.2　技术要点

装配式结构的外墙全部采用装饰面层、保温层和结构层于一体的预制构件形式，为尽量减少对保温层和饰面砖层的破坏，悬挑架钢梁大部分均从窗洞口位置悬挑出，减少了后期修补。同时，悬挑脚手架的使用为穿插施工提供了条件，下层悬挑架的拆除为精装修的及时插入施工提供了前提条件。可在一栋楼的最上部进行结构施工，中部进行初装施工，下部进行精装修施工。

预制外墙板下部800 mm范围内为连接区，工字钢穿外墙时需避开该区域，因此需在楼板上加设支腿，将工字钢梁垫高进行悬挑。

6.18.3 施工要求

（1）由于楼板为预制叠合板，地锚无法按照常规悬挑脚手架那样预埋在楼板的下钢筋上面，地锚预埋在70 mm现浇层内则存在楼板拉裂的危险。将楼板通过水钻开孔，使地锚直接穿过楼板的形式可以有效避免上述问题的产生。同时，可在地锚与楼板之间垫木方，实现软连接，如图6-37所示。

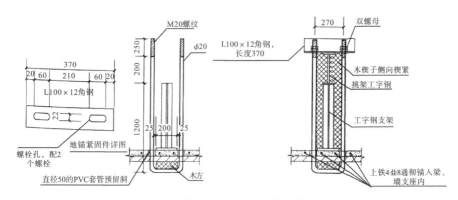

图6-37 悬挑工字钢地锚埋件详图（mm）

（2）为避开预制构件节点连接区，需增加型钢支架，将悬挑工字钢垫高，每根悬挑工字钢前后共设2个支架，悬挑工字钢尾端支架埋板设2个膨胀螺栓进行临时固定，前端支架埋板设置4个M12膨胀螺栓。安装时，根据悬挑工字钢平面布置图及节点详图，放线确认型钢支架的位置后，用膨胀螺栓进行固定。悬挑工字钢就位后，将支架与工字钢进行点焊固定。

（3）顶板混凝土强度达到70％之后可开始安装悬挑钢梁，工字钢间距1.5 m，型钢与锚环之间用柔性材料填充，不准直接焊接。悬挑工字钢不应直接落在预制外墙上，应与外墙有10 mm的空隙。工字钢梁安装或拆除时需要借助塔吊，由于需要与型刚支腿进行对接，工人安装时间较长，因此，需要考虑到塔吊的吊次，合理安排施工计划。

6.18.4 实施效果

（1）节材：减少架体材料投入，可周转使用。

（2）节约工期：可穿插施工，加快施工进度。

6.18.5 工程案例

北京五和万科长阳天地 0909 地块工业化项目工程位于北京市房山区长阳镇篱笆房,建设用途为商品住宅,建筑面积 1×10^5 m²,结构形式为装配式剪力墙结构,悬挑外架使用高度为 16.8/33.6 m。开工时间为 2015 年 1 月 12 日,竣工时间为 2017 年 6 月 30 日。

6.19 承插型盘扣式钢管脚手架技术

6.19.1 适用条件和范围

该技术适用于模板支撑系统、各类钢结构施工现场拼装的承重架、临时设施支架结构。

6.19.2 技术要点

承插型盘扣式钢管支架由可调底座、立杆、横杆、斜拉杆组成,如图 6-38 所示。

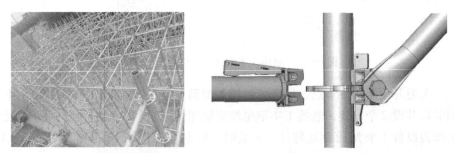

图 6-38　承插型盘扣式钢管脚支架

承插型盘扣式架体的连接形式:采用横杆和斜杆端头的铸钢接头上的自锁式楔形销,插入立杆上按500 mm模数分布的花盘上的孔,用榔头由上至下垂直击打销子,销子的自锁部位与花盘上的孔型配合而锁死。拆除时,只有用榔头由下向上击打销子方可解锁,具体如图 6-39 所示。

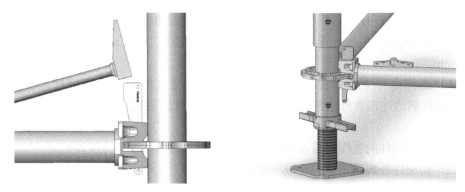

图6-39　盘扣式钢管支架搭设示意

6.19.3　施工要求

（1）承插型盘扣式钢管支架的构配件除有特殊要求外，其材质应符合现行国家标准《低合金高强度结构钢》GB/T 1591、《碳素结构钢》GB/T 700以及《一般工程用铸造碳钢件》GB/T 11352的规定。

（2）钢管外径允许偏差应符合表6-3规定，钢管壁厚允许偏差仅为±0.1 mm。

表6-3　钢管外径允许偏差（mm）

外径 D	外径允许偏差
42、48	+0.2　　−0.1
60	+0.3　　−0.1

（3）连接盘、扣接头、插销以及可调螺母的调节手柄采用碳素铸钢制造时，其材料机械性能不得低于现行国家标准《一般工程用铸造碳钢件》GB/T 11352中牌号为ZG230-450的屈服强度、抗拉强度、延伸率等的要求。

（4）杆件焊接制作应在专用工艺装备上进行，各焊接部位应牢固可靠。焊丝宜采用符合现行国家标准《气体保护电弧焊用碳钢、低合金钢焊丝》GB/T 8110中气体保护电弧焊用碳钢、低合金钢焊丝的要求，有效焊缝高度不应小于3.5 mm。

（5）铸钢或钢板热锻制作的连接盘的厚度不应小于8 mm，允许尺寸偏差应为±0.5 mm；钢板冲压制作的连接盘厚度不应小于10 mm，允许尺寸偏差为±0.5 mm。

（6）铸钢制作的杆端扣接头应与立杆钢管外表面形成良好的弧面接触，并应有不小于500mm²的接触面积。

（7）楔形插销的斜度应确保楔形插销楔入连接盘后能自锁。铸钢、钢板热锻或钢板冲压制作的插销厚度不应小于8 mm，允许尺寸偏差应为±0.1 mm。

（8）立杆连接套管可采用铸钢套管或无缝钢管套管。采用铸钢套管形式的立杆连接套长度不应小于90 mm，可插入长度不应小于75 mm；采用无缝钢管套管形式的立杆连接套长度不应小于160 mm，可插入长度不应小于110 mm。套管内径与立杆钢管外径间隙不应大于2 mm。

（9）立杆与立杆连接套管应设置固定立杆连接件的防拔出销孔，销孔孔径不应大于14 mm，允许偏差应为±0.1 mm；立杆连接件直径宜为12 mm，允许尺寸偏差应为0.1 mm。

（10）连接盘与立杆焊接固定时，连接盘盘心与立杆轴心的不同轴度不应大于0.3 mm；以侧边连接盘外边缘处为测点，盘面与立杆纵轴线正交的垂直度偏差不应大于0.3 mm。

（11）主要构件的制作质量及形位公差应符合要求。

（12）构配件外观质量应符合以下要求：

①钢管应无裂纹、凹陷、锈蚀，不得采用接长钢管；

②钢管应平直，直线度允许偏差为管长的1/500，两端面应平整，不得有斜口、毛刺；

③铸件表面应光整，不得有砂眼、缩孔、裂纹、浇冒口残余等缺陷，表面黏砂应清除干净；

④冲压件不得有毛刺、裂纹、氧化皮等缺陷；

⑤各焊缝有效焊缝高度不应小于3.5 mm且焊缝饱满，焊药需清除干净，不得有未焊透、夹砂、咬肉、裂纹等缺陷；

⑥主要构配件上的生产厂标识应清晰。

6.19.4　实施效果

（1）用量少、重量轻、组装快捷、使用方便、节省费用。相同支撑体积下的用量比传统产品减少了1/2，重量减少了1/2~1/3。操作人员可以更加方便地进行组装。搭拆费、运输费、租赁费、维护费都会相应节省，一般情况下可以节省30%左右。

（2）对大跨度高大模板支撑施工，可有效缩短施工工期。

（3）圆盘式的连接方式是国际主流的脚手架连接方式，合理的节点设计能使各杆件传力均通过节点中心，技术成熟、连接牢固、结构稳定、安全可靠。

（4）主要材料全部采用低合金结构钢（国标Q345B），强度高于传统脚手架的普碳钢管（国标Q235）的1.5~2倍。

（5）主要部件均采用内、外热镀锌防腐工艺，既提高了产品的使用寿命，进一步提供了安全保证，又做到了美观、漂亮。

（6）由于采用模块化定型化施工，承插式模板支撑体系极大地减少了施工难度，同时降低了高空作业的危险性。实践表明，采用承插式模板支撑体系的施工质量明显优于普通扣件式模板支撑体系和碗扣式模板支撑体系。

6.19.5　工程案例

以青岛市红岛国际会展展览中心项目为例，如果采用传统扣件式模板支撑体系，工期预计比采用承插式模板支撑体系可增加20天，采用承插式盘扣架模板支撑大大加快了模板搭设和拆除的速度，保证了工程整体进度。

6.20 高大共享空间贝雷梁施工技术

6.20.1 适用条件和范围

该技术适用于房屋建筑中主体结构内部设计复杂及连续超高大型的共享空间。

6.20.2 技术要点

贝雷片通过连接和相关构造组成贝雷平台结合混凝土大梁支撑和钢绞线的结构体系，提高了承载能力，增强了稳定性能，增加了疲劳寿命，提高了可靠度。

贝雷片是模块化的，可以进行随意搭接和拼装，精确度高、施工速度快、标准化程度高。与钢管撑、格构柱、钢绞线等相关构件组装成贝雷平台，无须在多个楼层搭设钢管脚手架支撑体系，大大减少了工作量，有效地保证了施工进度。荷载通过支撑体系直接传递至承载力较高的竖向结构，相对于传统的钢管支撑体系，避免了对梁板等薄弱构件造成的不利影响。

6.20.3 施工要求

（1）混凝土大梁支撑包括以下具体步骤：

①在框架柱或框架梁上固定设置预埋件，用于焊接钢管支撑及格构柱拉杆。

②无型钢柱的立柱纵筋及箍筋绑扎完成后，将预埋件放入，并将立柱预埋件与纵筋绑扎在一起，预埋件钢筋采用直锚方式；有型钢柱的立柱纵筋及箍筋绑扎完成后，将预埋件放入，预埋件钢筋采用弯锚方式，预埋件钢筋与立柱主筋绑在一起。

③用塔吊吊装预埋件的两端将大梁底部预埋件吊装到框架梁的指定标高位置，底部用脚手架支撑预埋件钢板，保证预埋件的标高和钢板的平整度；在框架梁底部预埋件安装完毕后，先安装框架梁箍筋，最后从框架柱的侧面人工穿梁的纵向受力钢筋。

④在非框架梁部位安装贝雷梁时，因贝雷梁下部无支撑，需在电梯井及部分框架柱侧面提前放置预埋件；在预埋件位置的剪力墙内设置暗梁，暗梁顶与埋件顶齐平，纵筋上下各4根钢筋，钢筋锚入两侧边缘构件；本层混凝土浇筑完成后，在预埋件侧面焊接牛腿，用于后期支撑贝雷梁。

⑤混凝土浇筑达到强度要求后，焊接钢管支撑和格构柱，保证焊缝强度达到设计要求。

（2）贝雷平台施工具体要求如下：

①预装配200型贝雷梁，装配好后吊装拼接，混凝土大梁强度标准达到后，将200

型贝雷梁放到混凝土大梁测定好的位置处；大梁相应的位置要垫橡胶垫和钢板，防止损坏混凝土表层。

②焊接电梯井及立柱相关标高位置的牛腿，并铺设平整的钢板，钢板与牛腿段焊。

③在地面对 321 型贝雷梁进行预拼装，用塔吊吊装到位，对钢牛腿的贝雷梁与平铺的钢板进行段焊连接。

④在搭设好的 321 型贝雷梁的顶部满铺花纹钢板。

⑤贝雷梁每组之间用联板连接成整体，保证整体的稳定性。

（3）钢绞线安装应符合下列要求：

①在平台以上的第二层对应的大梁指定的标高及位置处预埋钢绞线用的预埋件和 PVC 管，PVC 管与水平面呈 45°夹角，混凝土浇筑完成后对 200 型贝雷梁的指定位置安装钢绞线。

②钢绞线安装好后，根据要求进行钢绞线的张拉。

6.20.4 实施效果

（1）贝雷梁施工平台搭设完成后即可拆除下部高支模满堂脚手架，并可实现主体分段验收。主体分段验收完成后即可开展后续装饰装修等分部工程施工，缩短总工期效果显著。

（2）无须在多个楼层搭设钢管脚手架支撑体系，大大降低了脚手架钢管用量，节约了大量材料与人力，经济效益明显。

（3）贝雷片为可组装式模块，避免了为具体工程单独制作钢桁架支撑所浪费的钢材和焊接、切割等工序，减少了钢管脚手架的租赁维修等各项费用，节约了资源，减少了排放。

6.20.5 工程案例

山东汇金国际金融中心工程室内 1～3 层的服务用房、6～10 层的共享大厅、11～16 层的共享大厅、17～21 层的共享大厅、22～26 层的共享大厅、27～机房层组成，共享大厅部位存在高大连续共享空间，总高度为 114.8m。本工程贝雷平台设置在主楼地上 13 层及 24 层，相应的在 12 层及 23 层位置设置混凝土大梁支撑；200 型贝雷梁安装在两侧的框架梁上；321 型贝雷梁一端安装在框架梁上，一端安装在电梯井侧墙设置的牛腿上或两端均安装在剪力墙或框架柱侧面的牛腿上。本工程贝雷梁施工技术应用于主体 12～14 层、23～25 层，见图 6-40。

（a）平面图　　　　　（b）立面图　　　　　（c）支撑格构柱及钢管撑

图 6-40　贝雷梁施工技术应用

6.21　钢木龙骨技术

6.21.1　适用条件和范围

该技术适用于一切用木方做龙骨的模板体系。

6.21.2　技术要点

钢木龙骨又称"几字梁"，由 2 mm 厚的热镀锌钢板轧制成"几"字形状，中空填充木方（防止钢制外壳被压扁），再用螺栓连接成一整体（木方必须为整根通长，螺栓位于几字梁的两端）；其抗弯强度为 2 kN/m^2（不计算填充的木方），如图 6-41 所示。

图 6-41　几字梁

采用钢木组合的形式，在保证强度及刚度的同时，又不会使其重量增加许多，凭人力即能操作。

选用热镀锌的钢板来轧制，可确保其能长期、安全使用。长度尺寸系列分别为：4 m、3 m、2 m、1.5 m。几字梁性能参数见表 6-4。

表 6-4   "几字梁"性能参数

惯性矩	$I=390 \ mm^4$
截面系数	$W=9.50 \ mm^3$
最大弯矩	$M=2 \ kN \cdot m$
长度	4 m、3 m、2 m、1.5 m
重量	5.26 kg/m

几字梁高度80 mm，上口宽64 mm，下口宽44 mm。使用时，开口向上。当用作次龙骨时，面板可用钢钉钉固在其内含的木方上。

6.21.3   施工要求

施工工艺流程同一般木方龙骨。使用时不可裁切，只能搭接使用。

6.21.4   实施效果

几字梁作为木方龙骨的替代产品，其优势为：一是材料性能稳定，周转次数多；二是其长度可以成系列，可以搭接使用，不需在现场再加工成需要的尺寸，提高了施工效率。

以钢代木，节约了木材，保护了树木。

6.21.5   工程案例

中建八局第一建设有限公司施工的某工程位于通州区梨园镇翠屏西路与怡乐中街交口处，包含住院楼地上17层，科研教学楼地上15层，门诊医技综合楼地上6层，地下室为3层；建筑面积为142000 m^2；住院楼总高度69.95 m，科研教学楼总高度为65 m，门诊医技综合楼高28.20 m。采用钢木龙骨技术，取得了较好的环保与经济社会效益。

6.22   内隔墙与内墙面免抹灰技术

6.22.1   适用条件和范围

该技术适用于建筑内隔墙、墙面施工。

6.22.2 技术要点

免抹灰隔墙具有材质紧密、壁薄孔大、表面平整的特点，墙体由轻质隔墙条板组成。墙面用 3~5 mm 的厚粉刷石膏抹平即可，无须抹灰。采用轻质隔墙条板的施工工艺，收缩变形小，整体牢固，降低了楼房的荷载，施工速度快，质量可靠，综合费用低。

6.22.3 施工要求

施工流程：隔墙接缝处修补→墙面垂平度实测→基层处理→满铺纤维网→第一遍腻子→第二遍腻子→磨光→第一遍涂料→第二遍涂料。

（1）隔墙接缝处修补：在接缝处铺设纤维网，并用抗裂砂浆抹平，纤维网宽度≥200 mm，板缝两侧的宽度≥100 mm。

（2）墙面垂平度实测：对墙面进行实测，并用粉笔将实测数据写在相应的墙上。

（3）基层处理：经实测后，垂直度、平整度≥8 mm 的墙面，可用找平剂进行局部修补，以达到免抹灰的要求。

（4）满铺纤维网：为防止后期墙面开裂，不做内保温的隔墙将满铺纤维网，隔墙与混凝土墙接缝处也应铺设纤维网，每边宽度≤100 mm。

（5）第一遍腻子：若墙面用抗裂砂浆修补过，应等抗裂砂浆干燥后，方可进行第一遍腻子的施工。刮腻子时，应注意房间内的开间与进深尺寸，可用激光测距仪实时跟踪复核，要保证开间进深的尺寸偏差≤10 mm。重复该步骤，进行第二遍腻子。

技术应用依据：《ALC 墙板墙体防裂施工工法》LEGF-39—2013。

6.22.4 实施效果

对隔墙免抹灰技术的应用减少了现场湿作业（抹灰）工作量，提高了墙体的抗裂性能，显著地缩短了二次结构的施工工期。采用隔墙免抹灰技术不仅提高了节约抹灰砂浆等资源，还节省了施工时间、降低了作业扬尘、改善了工作环境、保障了施工的进度和效率，是有效解决上述施工难题、提高建筑结构的整体质量水平的先进技术。

6.22.5 工程案例

烟台长途汽车站高层办公楼工程由烟建集团有限公司施工。工程位于烟台市芝罘区西大街，建筑面积46800 m²，高103.8 m，地上部分主体为26层＋机房层，裙房4层，地下2层；于2013年1月开工，2015年10月竣工。填充墙约5400 m³，全部采用 ALC 蒸压加气混凝土墙板。

7　信息技术

7.1　绿色施工在线监控技术

7.1.1　适用条件和范围

该技术适用于施工现场噪声、扬尘、水、电、温度、湿度、风速、风向等实时数据的在线监测。

7.1.2　技术要点

（1）绿色施工在线监测技术内容包括数据记录、分析及量化评价和预警。

（2）应符合《建筑施工场界环境噪声排放标准》GB 12523、《污水综合排放标准》GB 8978、《生活饮用水卫生标准》GB 5749。施工现场扬尘监测主要为PM2.5、PM10的控制监测。

（3）受风力影响较大的施工工序场地、机械设备（如塔吊）处风向、风速监测仪安装率宜达到100%。

（4）现场施工照明、办公区需安装高效节能灯具（如LED）、声光智能开关，安装覆盖率宜达到100%。

（5）对于危险性较大的施工工序，远程监控安装率宜达到100%。

（6）材料进场时间、用量、验收情况实时录入监测系统，保证远程实时接收监测结果。

7.1.3　施工要求

绿色施工涉及管理、技术、材料、工艺、装备等多个方面。根据绿色施工现场的特点以及施工流程，在确保施工各项目都能得到监测的前提下，绿色施工监测内容应尽可能全面，用最小的成本获得最大限度的绿色施工数据。绿色施工在线监测对象应包括但不限于图7-1所示内容。

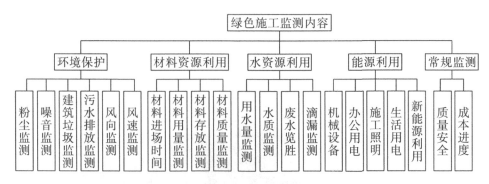

图7-1 绿色施工在线监测对象内容框架

（1）安装扬尘在线监控系统，对工程现场PM2.5、PM10、风向、风速、噪音等状况进行实时监控（见图7-2），实现了扬尘在线监测、管理一体化，提升了科学管理的效率和能力。

图7-2 环境保护

（2）观察模板的支设质量、混凝土浇筑的施工状态及混凝土养护等情况，便于及时发现问题，及时督促整改，见图7-3。

图 7-3　质量管理

（3）每天记录现场施工进度情况、及时整理进度照片，为施工进度管理提供了参考资料，发现滞后及时调整，确保工程按期完成，见图 7-4。

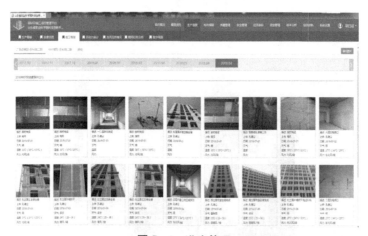

图 7-4　进度管理

（4）全面覆盖现场每个角落，观察现场扬尘、存土覆盖、大型机械运行、材料堆放状况，同时对临边防护、工人施工、车辆出入等进行实时掌控，确保施工现场安全文明施工有序进行，见图 7-5。

图 7-5　安全文明管理

（5）解决施工现场及工人生活区的所有用水、用电及空调的定时及自动化管理和云端控制，节约了能源，避免了资源浪费，见图7-6。

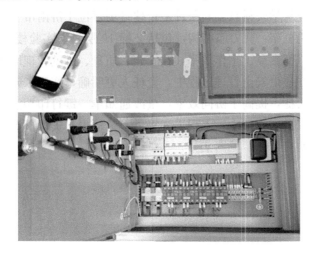

图7-6 资源管理

7.1.4 实施效果

（1）实时掌握施工现场的各项环境控制指标，发现偏差及时纠正，为建立工地环境污染标准积累数据，以推动对空气污染的长效管理。

（2）质量问题实时共享，问题留痕，责任到人，及时整改。

（3）对于施工用量、劳动力等信息进行记录；综合统计数据，分析进度计划与劳动力投入，方便适时调整，按期完工。

（4）保证及时掌握与了解工地施工现场的材料、物资供应与现场材料、物资的到货和使用情况，以保证工程项目施工现场材料、物资的供应与使用和协调工程材料、物资的到货与供应情况。发现安全问题，及时上传，责任到人，责任人督促整改，实现安全问题闭合管理，提高安全管理效率，识别安全隐患的大概分布，及时采取措施以防范消除。

（5）既大幅降低了人工消耗，又节省了电能、节约了水资源、避免了资源浪费、降低了粉尘的排放，从而缓解了城市环境问题。

7.1.5 工程案例

（1）山东中医药大学第二附属医院项目位于山东省济南市经八路1号，项目总建筑面积为78108 m²，总占地面积6900 m²，包括一幢20层综合病房楼及2层地下室，主体为框架-剪力墙结构。山东中医药大学第二附属医院项目安装智能云控配电箱，不但可以解决施工现场的道路照明、塔吊照明和楼层照明等用电的远程管理，同时可以通过控制电动阀门的启闭解决道路喷洒、扬尘喷淋和楼层用水的远程管理，对工人生活区的用电、用水、空调等物业化管以实现远程和集中式智能控制，本技术在建筑施工中可以广泛运用。

（2）山东省农业科学院科技创新条件平台建设项目位于济南市工业北路 202 号，建筑面积32197 m^2，为框架－剪力墙结构，包括 2 幢 10 层科研实验楼。项目应用 BIM5D 平台监测系统，项目部提高了工作效率，在安全、质量、进度管理以及材料管控方面均取得了一定效果。在质量安全管理过程中，责任人更明确，实现了问题留痕，方便了信息追溯，流程整合快捷，提高了协同效率，整改通知单一键打印功能，极大提高了项目管理人员内业效率。进度管理中，工程进度提供了劳动力、资源量等信息，能够提取劳动力及物资需求，快捷可靠，见图 7－7。

图 7－7　山东省农业科学院科技创新条件平台建设项目 BIM5D 平台监控系统

7.2　远程监控管理技术

7.2.1　适用条件和范围

该技术适用于各种工程类型的施工现场。

7.2.2　技术要点

"建筑施工现场远程监控管理系统"由管理部门中心控制室（监控中心）、各建筑工地前端、管理中心平台（电信机房）及通信网络四部分组成，能够满足建筑工程监督管理人员在监控中心远程对各个工地现场进行控制及管理的要求，包括远程音频监控、电子地图显示、远程音频对讲、远程报警控制、分级管理、信息发布、文件上传下达等功能。其系统组成为：

（1）软件系统：远程集中监控管理系统、施工现场 C/S 客户端监控软件。

（2）硬件设备：室外网络球形摄像机、网络枪型摄像机、无线网桥、网络云台、其他辅助材料。

（3）数据存储：公司中心机房数据存储服务器、项目部电脑。

7.2.3 施工要求

（1）实时了解各施工段作业层的平面管理情况和施工进度，实时对比实际及计划偏差，发现问题能及时进行针对性纠偏，见图7-8。

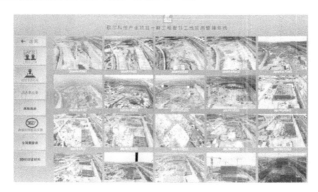

图7-8 进度管理

（2）观察露面钢筋绑扎质量、混凝土状态，了解混凝土养护状况，如浇水次数、覆盖情况等，见图7-9。

图7-9 质量管理

（3）了解现场外架、安全网支设状况，监督作业人员佩戴安全帽、安全带等，观察现场扬尘、存土覆盖、大型机械运行、材料堆放状况，确保施工现场安全，文明施工有序进行，见图7-10。

图 7-10　安全文明与绿色施工管理

技术应用依据：《建筑工程施工现场监管信息系统技术标准》JGJ/T 434、《建筑工程施工现场视频监控技术规范》JGJ/T 292。

7.2.4　实施效果

该技术有助于及时掌握与了解工地施工现场的工程施工生产进度，确保工程项目顺利完成既定的施工生产计划；及时掌握与了解工地施工现场的工程项目施工质量状况，并及时解决工程项目施工生产过程中的施工质量方面的问题；及时掌握与了解工地施工现场的材料、物资供应与现场材料、物资的到货和使用情况，保证工程项目施工现场材料、物资的供应与使用和协调工程材料、物资的到货与供应情况；及时掌握与了解工地施工现场工程项目大型施工机械运行及现场扬尘、存土覆盖情况。

7.2.5　工程案例

（1）汉峪金融商务中心 A5-3#楼及附属设施工程项目位于济南市东部核心商务区，总建筑面积为 $2.538×10^5$ m²；地下 4 层，地上 69 层；建筑总高度为 339 m，结构形式为核心筒+外框钢结构+楼承板。项目在施工现场的大门口、塔吊、生活区、办公区等位置安装了 9 个视频监控系统，实行施工现场远程监控管理，大大提高了项目管理人员在进度、质量、安全文明及绿色施工等方面的管理效率，取得了可观的经济和社会效益，见图 7-11。

图 7-11　汉峪金融商务中心 A5-3♯楼项目远程监控系统

（2）歌尔科技产业园项目一期工程位于崂山区滨海大道以东、东三路以北，总占地面积115058 m²，工程造价 4.5 亿元，总建筑面积 16.4 万 m²。作为全国单体体量最大的清水混凝土项目，其清水展开面积达 1.4×10^5 m²。项目应用远程监控系统，管理人员可随时随地观察工地进展情况，提高了采取对策的实效性。同时，通过及时有效的宏观调控，实现了项目施工场地布局的优化，确保了场地的合理规划、综合调配，大幅提高了管理人员的管理效率，见图 7-12。

图 7-12　歌尔科技产业园项目一期项目远程监控系统

7.3　建筑信息模型技术

7.3.1　适用条件和范围

该技术适用于工业与民用建筑、基础设施项目等。

7.3.2 技术要点

建筑信息模型（BIM）技术包含：主体技术（指创造 nD 数据模型和使用模型）、边缘技术（因模型和数据产生的流程、组织、管理的变化而形成的体系）、周边技术（与主体技术相关联的各类信息技术，如大数据、云计算、无人机、3D 打印等）。

（1）从方案规划设计、初步设计至深化设计阶段，利用 BIM 数据模型进行倾斜摄影、空间布置、能耗分析，将绿色施工建筑和节能环保理念结合到设计中，为建筑位置、形体、美感提供了可靠的依据，流程见图 7-13。

①倾斜摄影：通过在同一平台上搭载多台传感器相机，同时从垂直、倾斜等不同角度采集影像，获取地面物体更为完整准确的信息。摄取范围见图 7-14。

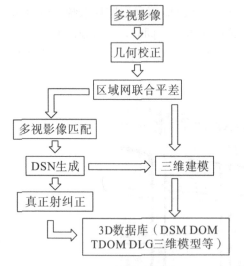

图 7-13 数据形成流程　　　　　　　　　图 7-14 摄取范围

②场地环境模拟：利用场地环境数据模型，结合相关软件进行风环境、日照分析，总结场地环境的优劣势，综合规划、建设要求等多方面因素，确定较为合理的建筑形体，见图 7-15、图 7-16。

图 7-15 场地风环境模拟　　　　　　　图 7-16 模型日照分析

③空间分配：在设计阶段，为满足实用功能，建筑空间分配需要适用于部门构成，结合 BIM 模型对体块推敲进行分配体块数据，以实现数据与模型的实时交互，见图7－17、图7－18。

图7－17 净水间空间布置

图7－18 济南东客站地下空间布置

④能耗分析：为满足高标准的绿色施工要求，在设计阶段，直接将 BIM 数据库导入 Autodesk Ecotect 或 IES 等环境分析软件，对初步确定的方案进行能耗分析，并对重点区域进行深化分析，结合可持续发展要求提出设计指导意见，让设计师能在设计过程中更有针对性地敲定方案。

⑤三维地质模型：三维地质模型是根据勘察资料，利用 BIM 相关软件建立的勘察区域地质地层的详细模型，见图7－19、图7－20。

图7－19 地质实体模型1

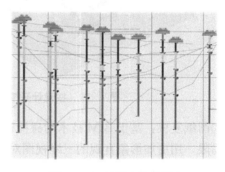
图7－20 地质实体模型2

⑥多专业协同及方案对比：三维环境使多专业的协同过程得到优化，比如：综合管廊管线密集，需计算及分配空间，采用 BIM 技术的三维设计方式对复杂空间关系进行展现，将管线综合工作前移，改变了传统设计流程，实现了多专业协同，达到了设计阶段就能够及时发现碰撞问题的目的。另外，结合 BIM 技术进行方案的深化分析，提出可再生能源利用策略、方法，并确定绿色施工建筑节能措施。

（2）施工阶段 BIM 技术主要应用于以下方面：

①场地布置及交通疏导：利用 BIM 技术建立工程施工临建设施及工程施工模型，优化围挡范围内临建布局，合理占用土地范围，提高项目交通疏解的能力，有效避免了交通事故以及施工占地和浪费用地情况。利用 Fuzor 虚拟现实平台对场地布置和交通疏解改造后的道路运行状况进行模拟，直观有效地推演方案、优化方案，见图7－21、图7－22。

 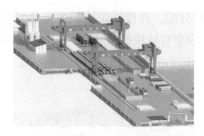

图 7-21　济南市轨道交通　　　　　　图 7-22　交通疏导
R2 线七标辛祝路站

②基于 BIM 模型的土方开挖模拟施工及计算工程量：使用 BIM 模型进行土方量计算，直观、精确，可以按照任意开挖进度段统计工程量，并可精确得出复杂原地貌至场地整平的土方量，排除人工计算的误差，见图 7-23。

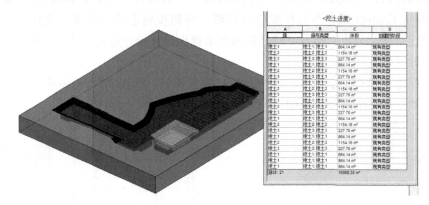

图 7-23　按设计开挖顺序统计的土方开挖工程量

③图纸复核：基于 BIM 技术的碰撞检测，继承了 CAD 阶段的优点并打破了二维视图的局限，用更加形象直观的三维视图对碰撞进行分析与检测，可以实现本专业自身与各专业间全方位的碰撞分析和检查，操作便捷且保证了准确度，更加贴合施工的要求。对于规模浩大或复杂的项目来说，其优势越发明显，见图 7-24。

 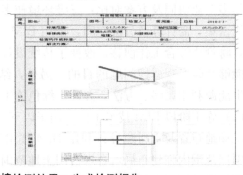

图 7-24　各专业间碰撞检测结果，生成检测报告

④施工进度模拟：通过将 BIM 与施工进度计划相结合，将空间信息与时间信息整合到可视 4D（3D+Time）模型中，可以直观、精确地反映整个建筑的施工过程，实时追踪当前进度状态，分析影响进度因素，协调各专业，制定应对措施，以缩短工期、降

低成本、提高施工质量，见图7-25。

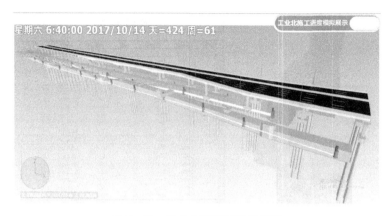

图7-25　工业北路施工进度模拟

　　⑤测量：采用BIM技术建立模型后，按照图纸坐标画出CAD基础（地基）平面图，将Revit模型匹配到CAD基础（地基）底图上，就可以直接在模型上去查三维坐标点，见图7-26、图7-27。

图7-26　宣城市水阳江大桥模型

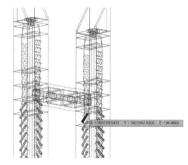

图7-27　塔体坐标获取

　　⑥施工方案推演：三维模拟推演的基础是模型的精确建立，按照实际尺寸建立模型，模拟现场施工环境，然后借助三维加工软件通过计算机的运算和处理，给模型赋予施工动作使之在三维空间运动。利用BIM技术还可以实现力学模拟，提升了方案校核的效率，见图7-28。

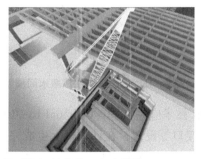

图7-28　济南市轨道交通R3线盾构机吊装施工方案推演

　　⑦工程量统计：由于BIM模型包含了所有构件和设备的全部参数信息，因此能够

准确、便捷地统计出建筑物的材料数据，见图7-29。

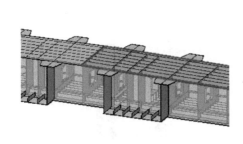
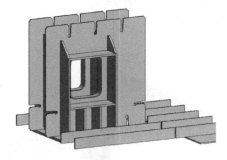

图7-29　济南市工业北路高架桥墩柱承台钢筋工程量统计

⑧数字化加工：利用Rivet等建模软件根据二维图纸进行精细化建模，建立构件模型，见图7-30。

图7-30　济南市工业北路高架钢箱梁数字化模型加工

⑨3D打印技术：将BIM模型直接用3D打印机打印出来，可作为方案交流、对外展示，见图7-31、图7-32。

图7-31　章丘东山水厂净水间模型　　　图7-32　南康水厂模型

⑩VR技术应用：VR（Virtual Reality）虚拟现实，利用计算机可视化处理系统软件及硬件接口等设置，在计算机上生成完全沉浸式体验感知的可交互数据的三维环境技术，见图7-33、图7-34。

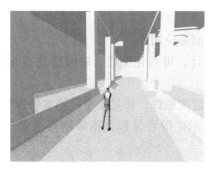

图 7-33　VR 技术虚拟现实工程　　　　图 7-34　VR 技术现场展示

（3）不断深化得到的最终竣工 BIM 模型，是运维阶段对 BIM 数据有效利用的前提。三维信息直观，参数信息翔实，模型中的每一个构件的信息原始记录都和该构件挂钩，才能发挥 BIM 的最大价值。

7.3.3　施工要求

建筑信息模型（BIM）技术应用的全生命周期流程见图 7-35。

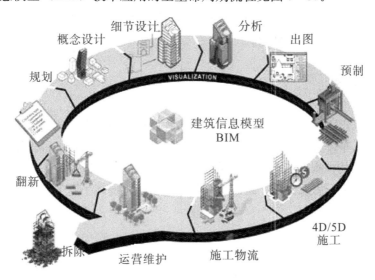

图 7-35　全生命周期流程图

（1）对项目进行可行性分析，根据技术团队和项目实际情况确定 BIM 建筑信息模型的目标。

（2）项目级 BIM 团队人员配置以满足项目模型搭建为目的的人员组建，应以满足模型进度目标为目的的协同，人员配置可分为 BIM 项目经理，机电工程师、结构工程、建筑工程师、BIM 预算工程师等。由于建筑信息模型对计算机配置要求较高，因此针对计算机的硬件配置（内存、处理器、显卡等）要过硬，其他辅助设备包含 3D 打印、VR 等。

（3）项目建模包含建筑、结构、钢结构、给排水、暖通、电气、桥梁、管廊、隧道、钢筋等模型。

（4）模型应用包含基础应用、技术应用、商务应用等。

①基础应用：包含场地布置、交通组织设计、可视化交底、碰撞检测、方案推演、工程量统计等。

②技术应用：包含预制加工、资源计划、进度跟踪、质量安全、档案管理等。

③商务应用：包含汇报材料、VR技术展示、指导分包、指导物资采购、物业管理等。

7.3.4　实施效果

（1）借助 BIM 信息模型技术既可按照时间对比分析整个项目的工程量，又可按照施工阶段分析项目的核算成本，有效提高了成本核算和成本分析的工作效率。特别是其对材料的损耗低于行业基准值的 10%～30%，在深化设计和 BIM 综合应用上均节约了成本。

（2）随着技术的进步，现浇式逐步向预制拼装式过渡，BIM 信息模型技术改变了传统工程模式、实施路线、技术流程、实施方式和资源配置。

（3）建立以 BIM 模型为中心的管理平台，提高了参与方的工作效率，促进了工程精细化管理，是工作方法的创新。

7.3.5　工程案例

（1）济南城建团有限公司地下车库人防工程及科研技术中心位于济洛路与汽车厂东路交叉口，地下车库人防工程共地下两层，筏板基础，框架结构；科研技术中心建筑高度46 m，框架结构。根据图纸及现场信息，创建地下车库及科研中心土建结构及机电系统三维模型，进行图纸会审、碰撞检测与方案优化，提高了施工效率，减少了施工成本，见图 7-36、图 7-37。

图 7-36　科研技术中心模型

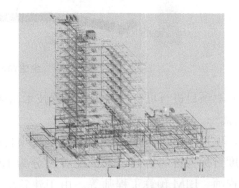

图 7-37　科研技术中心管线模型

（2）济南城建团有限公司承建的济南市工业北快速路工程包含桩基、地面道路、综合管廊、高架桥、配套设施等。该项目应用了 BIM 技术，并荣获山东省 BIM 技术应用成果一等奖，见图7-38、图7-39。

图7-38　工业北路快速路模型

图7-39　工业北快速路BIM建模
荣获一等奖

（3）济南城建团有限公司承建的济南东客站综合交通枢纽南广场市政工程位于国铁站房南侧，南广场包括地下3层。地下1层主要为轨道交通R3线与轨道交通M1线换乘大厅，地下2层为轨道交通R3线车站站台层及社会车蓄车场，地下3层为轨道交通M1线车站站台层。工程建筑面积42982 m²（不含国铁部分），其中，地下3层M1线地铁部分建筑面积9400 m²，地下2层R3线地铁挤车库建筑面积11657 m²，地下1层车库建筑面积21925 m²。该项目应用了BIM技术，并荣获山东省BIM技术应用成果三等奖，见图7-40、图7-41。

图7-40　济南东客站模型

图7-41　济南东客站BIM建模荣获三等奖

（4）济南市凤凰路车脚山隧道工程车脚山隧道为双向六车道山岭隧道，为中距离隧道。左洞长746.7 m，起讫桩号为ZK0-026.7～ZK0+720，其中，明洞长16 m，暗洞长730.7 m；右洞长745 m，起讫桩号为ZK0-025～ZK0+720，其中，明洞长16 m，暗洞长729 m。该项目应用了BIM技术，见图7-42、图7-43。

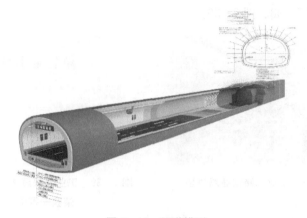

图 7-42　隧道模型

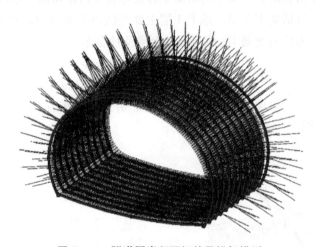

图 7-43　隧道围岩断面钢筋及锚杆模型

（5）章丘引黄补源工程包含杜张水厂、潘王水厂、鹅庄水厂及东山水厂，涉及 V 型滤池、臭氧接触池、活性炭滤池、高密度沉淀池、加压泵房、变配电室、吸水井、清水池、加药间、综合楼等近 16 个单体构筑物。该项目应用了 BIM 技术，见图 7-44、图 7-45。

图 7-44　V 型滤池、活性炭滤池模型

图 7-45　净水间综合体模型

（6）济南轨道交通 R2 线一期土建工程施工七标段包含 1 站 2 区间，即二环东路

站—辛祝路站区间、辛祝路站、辛祝路站—西周家庄站区间。二环东路站至辛祝路站全长1321.699 m；辛祝路站车站总长189.75 m，标准段宽22.7 m，为地下两层14 m岛式站台；辛祝路站至西周家庄站全长1983.928 m。该项目应用了BIM技术，见图7−46、图7−47。

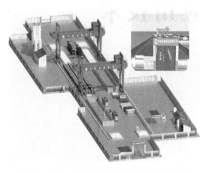

图 7−46　R2 线场地优化布置模型

图 7−47　盾构始发模型

8 施工设备应用技术

8.1 变频施工设备应用技术

8.1.1 适用条件和范围

该技术适用于各种建筑工程类型的施工现场，主要用于塔吊、施工电梯、升降机等大型施工设备。

8.1.2 技术要点

变频施工设备简单来说就是在施工设备供电系统上增加了变频器，把设备电源的固定频率变成需要的频率，可以利用改变的频率控制电动机的转速转向，使设备启动、运行和停止都平滑稳定，进而提高了设备的使用寿命和安全系数，同时还能节约能源。

塔机的三大传动机构起升、回转、变幅（见图8-1、图8-2），均可选用变频控制，其中变频器、变频电机和传动机构组成了变频调速系统。变频技术就是通过变频器改变电机输入电源的频率来改变设备的运行速度。

异步电机的转速为：

$$n = (1-s)\frac{60f}{p}$$

其中，s 为转差率，一般为 $2\% \sim 4\%$；f 是电机频率；p 为磁极对数。

显然，塔机上使用的三速电机通过改变其磁极对数实现变速的范围非常有限，而改变供电频率 f 会获得更大的变速范围。

8.1.3 施工要求

（1）尽量购买成套的变频设备，并严格按其使用说明书进行操作。

（2）当需在已有设备上加装变频器时，应由专业人员进行，并严格按产品说明书进行。

（3）变频设备必须由具有相关上岗资格的人员经培训后操作。

（4）严禁以拉闸方式（断电）停机，需等电机运行停止后才可断开电源。

（5）应每半个月对设备的变频器各柜体的滤网清理一次，保证功率单元的良好通风和散热。

（6）变频设备每使用3~6个月，应检查变压器到功率模块之间的所有连接螺栓及系统其他螺栓的紧固程度。

（7）变频设备整机应每半年至少清扫维护一次，并在相关技术人员指导下进行。

图 8-1　变频起升机构　　　　　图 8-2　变频变幅机构

8.1.4　实施效果

（1）设备运行平稳，不会骤启骤停，减少机械传动部件的磨损，从而增加设备使用寿命、减少设备维护费用。

（2）节能效果显著。传统方式中塔机串电阻方式降速运行，这样回路中的外接电阻部分能量损耗大，易造成浪费。使用变频调速控制系统进行速度调节时，不仅节约了电阻的消耗，而且在载重下降的时候，将重力势能部分反馈给电网。

（3）较之普通设备，该技术更具智能化，提高了设备安全性。

8.1.5　工程案例

（1）烟台高新区创业大厦工程，建筑高度为132.6 m，塔机高度为159.8 m，施工周期自 2010 年 11 月至 2012 年 6 月，采用的 K40/26、S315K16 塔机工作机构均变频控制。

（2）烟台芝罘万达广场工程，建筑高度为188.5 m，塔机高度为201.8 m，施工周期自 2013 年 2 月至 2013 年 12 月，采用的 S315K16、PT7528 塔机工作机构均变频控制。通过使用变频施工设备，降低了能耗。

8.2　电力叉车应用技术

8.2.1　适用条件和范围

该技术适用于在楼层内及隧道中进行材料运输。

8.2.2　技术要点

相比柴油叉车，电力叉车体积小、重量轻，便于在施工场地内移动，能够有效对场内砌块、玻璃等重型材料进行搬运，其运输速度快、破损率低，一次性运输量是人工运输量的 2~3 倍，有效地节约了运输时间，且电力叉车由专人司机操作，节约了人工运输成本。

8.2.3　施工要求

一般电力叉车运用于场区内场地较平整的工地。

电力叉车的自重决定了其载重能力。在材料运输上，可以选择混凝土加气块、玻璃、袋装或箱装材料等。

8.2.4　实施效果

电力叉车在施工场区进行运输时，尤其是搬运砌体或幕墙材料时方便快捷，相比传统的手动推车或斗车，节约了人工，缩短了工期，且能够周转使用。

8.2.5　工程案例

祥泰广场项目（一标段）建设工程由山东三箭建设工程管理有限公司施工，位于济南市市中区英雄山路 147 号。该工程 1♯ 楼为框架－核心筒结构，地上 36 层，建筑面积为 53903.52 m^2；2♯ 楼为框架结构，地上 5 层，建筑面积为 7701.54 m^2；地下车库为框架结构，地下 2 层，建筑面积为 15731.77 m^2。本项目从现场主体施工开始至项目装饰阶段完成应用此设备，现场配备 2 台电力叉车。电力叉车自重相对较轻，占地小，且吊装方便，明显节约了现场场地与人工吊运费，加快了现场物料吊运，缩短了工期。

8.3　混凝土泵管水气联洗技术

8.3.1　适用条件和范围

该技术适用于混凝土泵管清洗作业。

8.3.2　技术要点

水气联洗装置由气洗装置和混凝土回收装置组成。混凝土泵送结束后，在泵管尾部挤塞2个浸水后的海绵球，然后将气洗设备与泵管终端相接，利用空压机先进行泵管气洗，气洗结束后再进行传统的水洗施工。气洗过程可将泵管内大量混凝土反向推出，回收至搅拌车内，运用搅拌车进行搅拌，将混凝土重新利用。气洗会减少泵管内混凝土量，减少用水量，同时使泵压不至于过大，避免了高压水对密封圈及界面处混凝土的冲蚀。

（1）气洗前应将气洗设备尽量靠近泵管终端，以减少连接管长度，然后做好集气集水工作。启动柴油空压机，并连接气洗接头体的气水通道。

（2）停止泵送后，在泵管尾部挤塞2个减水后的海绵球（见图8-3），再把气洗接头体用管夹卡在泵管上。

图8-3　海绵球

（3）关闭泵机前的闸阀，拆去泵机前平口接头水平管，用90°大弯管连接闸阀与竖管，搅拌车就位，使竖弯管出口对准车上的装料入口。

（4）一切准备就绪后，同时打开接头体常用气洗阀门和泵机前闸阀，混凝土在气压下缓慢排至搅拌车内，300 m的长管道约10 min即可见到海绵球被推出。若使用常用空压机不能把管内混凝土排出时，就必须关闭此阀，立即打开储气瓶阀门，这时混凝土即可排出，至海绵球被推出为止。

（5）管内混凝土基本排出后，即可进行水洗，直到管内排出清水为止。清洗办法是在接头体内底部塞一个海绵球，卡住泵管口，开动潜水泵，泵入100 kg清水，再打开气阀，把水排出，完成气洗的全过程。

8.3.3　施工要求

（1）泵管的清洗必须在浇筑完混凝土后立即开始，不得有时间间隔，以免管内混凝土凝固。

（2）混凝土输送泵管分两大部分分别清洗。混凝土浇筑完毕后，卸开布料杆与输送泵管，单独清洗布料杆。

（3）清洗布料杆：从入口自下向上清洗布料杆，清洗前必须在出料口放置容器盛放混凝土。

（4）气泵加压前，必须检查确保气泵所有设备正常运行，气泵加压必须缓慢加压，严禁一次加到高压，必须连续缓慢加压，加压过程经时不得小于5 min。气泵加压过程中，泵管四周1 m范围内不得有任何施工人员。加压过程中应检查泵管的情况，发现任何异常必须立刻停止加压和关闭气泵。

（5）在清洗过程中，派专门人员注意观察各个管段和每个接口及所有弯管处，发现异常必须立刻停止清洗并关闭气泵，逐节检查排除隐患。

（6）在清洗的整个过程中，必须有专门人员负责观察气泵的气压表，发现气压表读数有上升现象或有突然上升与异常等情况，立刻关闭气泵，逐节检查泵管是否有异常、管内混凝土是否有初凝或凝固等现象。如果管内混凝土凝固，必须将泵管卸开，逐节用水和钢筋棍捣洗，严禁再使用气泵继续清洗；如果混凝土凝固，凝固的泵管报废处理；如发现泵管接头法兰有变形、胀裂、松开等或泵管管身有变形等现象，必须卸开泵管逐节清洗，严禁再用气泵继续清洗。气泵气压表的读数不得大于8个大气压。

（7）泵管清洗：施工作业面的水平泵管必须拆开逐节清洗，立管自上向下清洗，立管分段清洗，每段的高度不得大于15 m，楼层内所有水平泵管必须在与立管节点弯头处卸开，逐节清洗，所有的弯头必须拆开分节清洗。

8.3.4　实施效果

采用混凝土泵管水气联洗技术，可将泵管内的混凝土进行重新回收利用，减少了混凝土浪费，同时水洗产生的施工废水经过沉淀循环用，减少了施工废水对土壤的污染，实现了环境保护的效果。具体实施效果如下：

（1）洗管成功率高：与传统的洗泵方式相比，水气联洗施工工法先用气洗再用水洗的施工流程，减小了超高压水对泵管密封圈的冲蚀造成密封圈损坏导致洗泵失败的可能性，避免了洗泵过程中爆管、堵泵等情况的发生。

（2）规范性：水气联洗所用材料设备均有标准参数，洗管施工的整个过程形成了一套完整的操作规程，施工操作规范性较高。

（3）经济性：水气联洗用气洗的方式将泵管内的大量混凝土压回至回收搅拌车处，可使管内混凝土再利用，不需要在洗泵过程中再泵送砂浆。同时，水气联洗的应用使泵管的使用寿命得到延长，大幅降低了更换泵管所产生的施工费用。

（4）绿色环保：水气联洗使得管内混凝土大部分被回收，减少了对混凝土的浪费，有效节约了洗泵用水量，大大减少了污水排放量。

8.3.5　工程案例

祥泰广场项目（一标段）建设工程由山东三箭建设工程管理有限公司施工，位于济南市市中区英雄山路 147 号。该工程 1♯楼为框架−核心筒结构，地上 36 层，建筑面积为53903.52 m^2；地下车库为框架结构，地下 2 层，建筑面积为15731.77 m^2。本项目在主体阶段应用此设备，现场配备一台空压机，利用其产生的巨大空气压力，将泵管中残存的混凝土清理出来，大大降低了堵泵概率，并将泵管内的混凝土重新回收利用，节约了成本。同时，清理的废水经过沉淀循环使用，促进了现场绿色施工。

9 永临结合技术

9.1 施工道路永临结合技术

9.1.1 适用条件和范围

该技术适用于施工现场临时道路。

9.1.2 技术要点

（1）进行现场平面布置规划时，与工程建设单位协调，对施工现场实际条件进行详勘，综合考虑现场道路规划。

（2）工程施工时，优先进行已规划道路位置的施工，为施工道路施工创造条件，将施工道路作为规划道路路基，节约土地、节约材料。

（3）此技术避免了工程后期施工对现场施工道路的破除，减少了材料的浪费及环境污染。

9.1.3 施工要求

（1）施工流程：场地平整→施工放线→沟槽开挖→管线铺设→砌筑检查井→回填→检查井封堵→垫层→路面。

（2）道路施工前应与建设单位协调沟通，并征得设计单位同意，办理洽商，根据设计图纸规划道路位置进行施工。

（3）施工时，路基处理应严格按照规划道路设计要求进行，确保各项指标均满足设计要求。每项施工完成后应及时安排验收。

（4）施工道路高程应参考已规划正式道路，施工时预留规划路基层及面层施工厚度。

（5）管道铺设及检查井施工应定位准确，施工质量符合设计要求。检查井上部采用预制混凝土盖板封堵，待规划路施工时破除局部检查井位置路面。

9.1.4 实施效果

将现场原有道路作为施工道路，减少了现场硬化临时道路混凝土用量，节约了材料。在规划道路位置进行施工道路施工，减少了后期对施工道路的破除，避免了资源浪费。

9.1.5 工程案例

山东大学青岛校区图书馆工程，地下 1 层，地上 12 层，建筑高度 66 m，是山东大学青岛校区最高的单体建筑。总建筑面积 81600 m²。开工时间为 2015 年 6 月，竣工时间为 2017 年 5 月。现场施工临时道路和施工后永久道路见图 9−1、图 9−2。

图 9−1　现场施工临时道路　　　　　图 9−2　施工后永久道路

9.2　利用消防水池兼做雨水收集永临结合技术

9.2.1　适用条件和范围

该技术适用于地下室设有消防水池的建筑。

9.2.2　技术要点

地下室设有消防水池时，可在施工期间充分利用消防水池建立施工现场水资源的收集及循环利用系统，见图 9−3～图 9−5。将养护用水、雨水及冲洗用水、基坑降水等水资源进行收集，过滤后收集至消防水池备用。该系统主要包括混凝土硬化带、集水坑、沉淀池、蓄水池、提升水泵、加压水泵等。经过该系统收集的水资源主要用于消防用水、混凝土养护、楼层养护、楼层冲洗、道路降尘、车辆冲洗、绿化浇灌、砌筑材料润湿等作业，能够减少传统市政自来水的使用量。

图 9-3　收集水用作喷淋

图 9-4　加压水泵

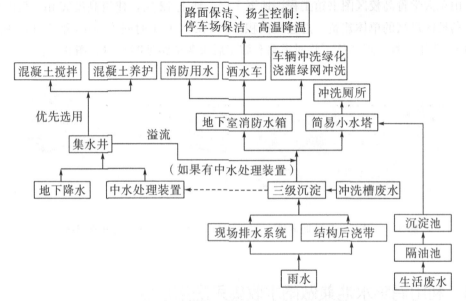

图 9-5　消防水池兼做雨水收集系统

9.2.3　施工要求

（1）雨水经过沉淀过滤后才能流入消防水池。

（2）沉淀池均应进行细石混凝土抹压，且应经常进行清污工作，确保雨水收集系统各功能性构件的正常工作，见图 9-6。

（3）提升水泵、加压水泵等应有专人维护，避免电机损坏、漏电伤人等安全事故的发生。消防水池的水位线也应该进行有效控制，避免水体溢出而浪费水资源或取水过量损坏加压水泵。

图 9-6 沉淀池

9.2.4 实施效果

该项措施能提高水资源收集的质量及数量，减少水资源浪费。与常规的完全利用市政自来水相比，通过该项措施，非市政自来水利用量占总用水量可以提高到 35%。

9.2.5 工程案例

（1）青岛市市立医院东院二期工程门诊住院楼项目，地下 3 层，地上裙房 5 层，主楼 15 层，总建筑面积85930 m²。开工时间为 2015 年 3 月，竣工时间为 2018 年 3 月。通过应用该技术，减少了临时设施投入。

（2）青岛新机场综合交通中心及停车楼工程，建筑层数为 4 层，其中地上建筑层数 2 层，地下建筑层数 2 层。本工程总造价为 10.65 亿元，建筑面积为210463.87 m²。开工时间为 2016 年 4 月 1 日，竣工时间为 2018 年 11 月。通过应用利用消防水池兼做雨水收集永临结合技术，减少了传统水用量。

9.3 消防管线永临结合技术

9.3.1 适用条件和范围

该技术适用建筑工程主体、装饰装修阶段临时用水。

9.3.2 技术要点

施工前期,根据场区条件布置施工总平图和临水方案,设置临时用水及消防用水主管线,保证正式消防管道与两者最大限度地相结合。地下室施工完毕后,利用消防水池或生活水池作为临时蓄水池,将临时用水接入。墙柱模板拆除后,立即安装消防水管,以免影响楼层混凝土养护等楼层用水。每条管线均设置水表计量。

9.3.3 施工要求

正式消防管道与主体一次结构同时施工,每层留设临时用水接水点,代替现场消防临时用水和施工用水,见图9-7。该技术措施大大降低了施工现场楼座临时用水和消防用水成本,方便快捷。该技术主管道根据消防设计图纸要求采用DN100镀锌钢管,支管可采用DN65镀锌钢管。根据楼层高度控制高压水泵水压,一般不高于8 MPa。采用高压水泵一台、液位控制系统一套。每层留设临时用水接水点,每层用水点设置一个全铜截止阀门及三通,见图9-8。

图9-7 正式消防管道　　　　图9-8 截止阀门及三通

资源配置要求:

(1)施工期间需要确保给水充足,不间断供电。

(2)消防管道需敷设临时性低温保护材料,不易损坏部位可根据设计图纸要求进行保温施工,确保冬季施工时正常使用。

(3)楼层临时用水点需设置标志标识牌。

(4)消防水管安装后,由于距离消防正式验收时间较长,与其他工序交叉施工期间需进行严格的成品保护。

9.3.4 实施效果

(1)用水方便,水压充足,便于主体、装饰装修施工,提高了工作效率。

(2)采用临时用水与消防管道结合技术,大大降低了施工的成本。施工现场节省安装临时用水管道,节省了人工、材料费用。

9.3.5　工程案例

都市果岭（爱丁堡国际公寓二期）工程属市重点项目，建筑面积107134.3 m²，总投资 1.28 亿元，施工工期 970 日历天。主要应用部位为 4 栋主楼（30～32 层，层高 3 m）的临时用水立管及支管，节约临时用水管线。

9.4　地下室排污泵永临结合技术

9.4.1　适用条件和范围

该技术适用于带有地下室排污泵的建筑工程。

9.4.2　技术要点

（1）地下室结构施工完成后，根据图纸设置的集水坑数量，布置相应的排污泵及排水立管，作为施工期间地下室积水的排水措施，排水管的末端接入施工现场设置的集水井内。排水管末端的接入尽量与后期室外管网末端接入点一致，以减少后期土方开挖等工作量。

（2）车库顶板回填土施工完成后，在室外管网施工阶段，将排水立管出车库面的管道，按照图纸设计要求，布设完毕。

（3）每个排污泵均有重力浮球自动排水装置，且自动排水控制箱在前期接入施工临时配电箱，在市政用电接入后，正式并入电网中。

9.4.3　施工要求

地下室排污泵在地下室结构施工完成后，在图纸设计的集水坑内提前安装正式排污泵，代替以往现场中临时设置的排污泵，作为地下室内积水、降雨积水的排水措施。该技术措施大大降低了因增设临时排污泵而产生的成本，且正式排污泵为自动排水装置，方便快捷。该技术采用潜污泵、液位控制系统一套，及 DN100 镀锌钢管若干。临时排水的末端连接汇入施工现场设置的集水井处。

资源配置要求为：

（1）按照集水坑的数量设置正式用排污泵，排污控制系统及主立管安装完毕。

（2）排污控制系统接入施工现场临时用电配电箱内。

（3）主立管安装后，立管末端接入施工现场设置的集水井内，以便汇总排入市政管网。

（4）集水坑污水泵安装完毕后，采取临时保护措施，并安排专人定期巡视，对集水坑进行排污及相关成品保护工作。

9.4.4 实施效果

（1）将地下室排污泵作为临时水泵提前启用技术，大大提高了排水效率，且正式排水泵后期可直接验收移交与物业单位，节约社会资源。

（2）通过设置正式地下室排污泵，大大降低了施工成本；且排污泵为自动排水，仅需少量人工控制，节约了劳动用工。

（3）采用正式地下室排污泵，仅需将出地下室部分管道进行连接汇入设置的集水井内，方便快捷，取得了良好的环保效益。

9.4.5 工程案例

王家下河社区城中村改造及安置房及配套项目位于九水东路以南、东川路以西，建设单位为青岛博海建设集团有限公司，监理单位为青岛广信建设咨询有限公司，施工单位为青岛建安建设集团有限公司，总建筑面积为133559.87 m^2。通过应用该技术，地下室污水直接排入集水井中，避免了环境污染。

9.5 用电永临结合技术

9.5.1 适用条件和范围

该技术适用于施工现场临时用电。

9.5.2 技术要点

该技术采用正式施工图中应急照明回路用作楼层照明，灯具吸顶安装（如图9-9所示），避免了二次施工，节约了成本。

图9-9 现场用电照明

9.5.3 施工要求

（1）临电施工应以平面布置图为依据，电气位置应与平面图相符，如需改动必须经设计人员同意，并做好设计变更资料。严格执行三项基本原则：采用 TN−S 接地、接零保护系统，采用三级配电系统，采用两级漏电保护。

（2）临电施工前必须核对主要电气材料，应与设计书的规定相符合。施工前应对电缆做绝缘耐压试验，其绝缘电阻阻值不得低于10 MΩ，配电箱二次线路绝缘阻值不低于1 MΩ。严禁使用塑料线，所有绝缘线型号及其截面必须符合正式用电线路要求。

（3）所有开关箱及线路安装均由专业电工操作，每天进行一次检查和维修，并做好记录。

（4）施工期间应特别注意管线的成品保护工作。

技术应用依据：《施工现场临时用电安全技术规范》JGJ 46。

9.5.4 实施效果

（1）通过对临电传统施工思路的改变，采用工程正式线路为施工用电服务节约了成本，同时保证了现场临时用电的稳定性。电气管路采用暗敷降低了临时用电的安全风险因数，并避免了竣工时拆除临时用电所产生的垃圾。

（2）临时用电照明部分采用应急照明正式回路，通过减少材料的使用，侧面降低了对大气粉尘的污染，而且降低了施工现场存在的"线路蜘蛛网"问题。

9.5.5 工程案例

（1）青岛新机场旅客过夜用房工程，地下 1 层，地上 9 层，总建筑面积62016.41 m^2，总造价 2.6 亿元。开工时间为 2017 年 3 月，竣工时间为 2018 年 12 月。通过应用该技术，减少了临时用电线路。

（2）国信蓝谷孵化园一期工程，总建筑面积为22567.74 m^2，其中地上建筑面积17576.86 m^2，地下建筑面积4990.88 m^2。1♯楼 14 层，2♯楼 4 层。开工日期为 2016 年 6 月，竣工日期为 2018 年 5 月。通过应用该技术，减少了临时用电线路。

10 临时设施装配化和标准化技术

10.1 预制混凝土板临时路面技术

10.1.1 适用条件和范围

该技术适用于需要硬化的临时施工道路。

10.1.2 技术要点

根据现场土质情况，在自然土层平整夯实后摊铺砂垫层。根据 BIM 深化设计出路面分片规格，进行编号，然后在上面铺设预制混凝土板，铺装完成后在板缝内填入适量细砂。

10.1.3 施工要求

（1）预制板面长 1 m、宽 1 m、厚 200 mm，采用 4♯角钢与 $\varnothing$12 钢筋焊接作为外框龙骨，内侧配置 $\varnothing$16@150 双层双向钢筋网片，采用 $\varnothing$16@300 上下拉结，预制板四角部位预埋 $\varnothing$20 钢筋吊环，浇筑 C30 混凝土。

（2）铺设路面前，对路基进行处理，路面铺设 100 mm 碎石，然后铺设 30～50 mm 中砂，使碎石面层密实向两侧设置 1‰～2‰ 找坡，压平。分段施工，在路基中砂层上定位，撒白灰线。施工前，计划安装时间，避开混凝土浇筑时间及材料运输车辆进、出场时间，保证现场道路畅通。

（3）路基按照施工准备阶段要求处理，根据现场已撒出的白灰线，吊运安装预制板面，板面之间的距离不得大于 20 mm。铺设完成后，缝隙中填 M5 砂浆。预制板面内的吊装孔用砂填满，见图 10—1。

（4）临时的道路拆除时将预埋吊钩位置清理干净，采用无齿锯切割 M5 砂浆缝隙。用撬棍将每块板撬松动移位，采用吊装设备将吊钩深入吊环内，勾住后起吊，撬动时防止板块被撬损坏，见图10-2。拆出的临时道路板堆放或运输，叠放时上下板之间要有垫块，且多层放置时垫块要放在同一垂线上，防止板在堆放或运输中受力不均而折断或受损。

图10-1　预制路面成型效果

图10-2　预制混凝土路面拆除

10.1.4　实施效果

（1）预制混凝土路面可多次周转，回收率达到75%，减少返工维修，相比传统的混凝土路面节约成本约50%。

（2）通过合理优化和调整工序，结合预制混凝土板可提前制作的优良特性，缩短临建道路工期。

（3）可充分利用混凝土余料和钢筋废料，有效减少建筑垃圾的产生。

10.1.5　工程案例

淄博市中医医院东院区一期医疗综合楼（标段一），位于淄博市经济开发区北郊镇张周路以南、省道102以北，道和东地段。工程含有3栋连体建筑，分别是A座、B座、C座病房楼，建筑高度40.8m。开工日期为2017年6月2日，竣工日期为2018年12月31日。该技术在山东天齐置业集团股份有限公司得到了有效推广，减少了建筑垃圾的产生，提高了材料利用率。

10.2 拼装式钢板临时路面技术

10.2.1 适用条件和范围

该技术适用于需要硬化的临时施工道路。

10.2.2 技术要点

采用拼装式钢板临时路面代替施工现场传统道路硬化方式，具有方便快捷、灵活多变、可周转、零损耗等特点。

钢板厚度20 mm以上，需满足场内车辆运输荷载对钢板刚度的要求；路基平整，排水通畅；钢板宽度宜为临时道路宽度的1/2，长度为4～6 m；钢板间采用可靠连接件连接，方便临时拆装，见图10－3。

图10－3 现场拼装式钢板路面

10.2.3 施工要求

钢板刚度需满足场地内物资运输荷载的要求，底部路基平整且无较大起伏曲折。钢板制作可根据现场道路宽度需求定制，沿路宽度方向两两对拼，使得钢板连接部位处于道路中心线，避免车辆碾压。钢板拼装处，在每块钢板角部焊接两个螺母，拼装完成后，通过螺栓将钢板连为一体。

10.2.4 实施效果

（1）采用拼装式钢板临时路面，能够节省大量混凝土及石子硬化铺道的一次性投入，为工程施工节约成本，可多次周转，几乎零损耗，资源利用率极高。

（2）现场拼装及使用效果良好，能够有效地规整场地，提高场地利用率，减少临时道路润水及混凝土、石子等材料的投入，有效遏制扬尘产生，真正做到节能、节地、节水、节材和环境保护。

10.2.5 工程案例

山东外事翻译职业学院实验实训楼工程楼体方正规则，无特殊造型，单层面积近5000 m²，环绕楼体四周需硬化处理的临时道路体量很大。施工现场临时道路采用拼装式钢板临时路面，见图10-4。

图10-4 现场拼装钢板路面效果

10.3 施工车辆出场自动清洗技术

10.3.1 适用条件和范围

该技术适用于出场施工车辆冲洗。

10.3.2 技术要点

洗轮机是采用高压水枪对各类工程车辆的轮胎及底盘进行多方位冲洗的临时设施，通过采用该设施可达到对车轮及底盘彻底洗净的目的。

洗车台采用智能控制、水循环利用的方式对车辆轮胎和车辆侧面进行清洗作业（见图10-5），洁净度达80%以上，清洗1台车不超过60 s。洗轮机完成冲洗工作后，冲洗用水可循环使用。连续工作时，仅需补充少量的水，可以节约大量水资源，特别适用于各类建筑工地进出车辆清洗，也可达到无粉尘污染绿色施工的目的。

图 10—5   施工车辆自动清洗车台

10.3.3   施工要求

洗车流程：车辆驶入洗车平台→洗轮机自动感应喷水→车辆驶出洗车平台→喷水停止。

采用洗轮机时应注意以下几点：

（1）作业前确认水池内注水量充足并确保洗车池内无杂物，否则应清除干净。

（2）查看电源是否正常工作，确认电路无异常后方可运行。

（3）若发现个别喷头不出水，应及时清理被阻塞的喷头。

（4）洗轮机接通电源后，严禁任何人在洗轮机设备作业区域内停留。

（5）处于冬期施工时应依照操作规程采取相应措施避免水源结冰，当洗轮机长时间闲置或在天气寒冷的夜晚，要放空水管中积水，避免水管结冰胀裂。

10.3.4   实施效果

洗轮机洗车技术可实现冲洗水的循环利用，在节约大量水资源的同时节约水费，特别是在土方开挖阶段，施工现场每日工程车辆进出频繁，若采用该施工技术，每月可直接节约费用 4200 元。

10.3.5   工程案例

淄博碧桂园二期水蓝湾工程由山东三箭建设工程管理有限公司承建，位于淄博市周村区张周路以北孝妇河以西，建筑面积43342 m^2，开工时间为 2015 年 10 月，竣工时间为 2017 年 9 月，实现了自动洗车装置的可周转使用和洗车用水的循环使用。

10.4 渣仓自动喷淋降尘技术

10.4.1 适用条件和范围

该技术适用于施工工地渣仓的降尘。

10.4.2 技术要点

自动喷淋降尘系统由蓄水系统、自动控制系统、语音报警系统、变频水泵、主管、三通阀、支管、微雾喷头连接而成,主要安装在建筑工地的渣仓内。

环保降尘喷雾机是一种小型的、可移动的使用水喷淋的除尘设备,也被称为"风送式除尘设备""雾炮机"。喷雾机通过特制的高压雾化系统和双管环形喷圈,将常态溶液雾化成 10~150 μm 大小的水雾颗粒,喷洒距离最远可达 200 m。喷雾机喷洒出的水雾与悬浮在空气中的粉尘颗粒吸附、聚合、沉降,可达到消除污染物粉尘的目的。

结构工程及装饰装修与机电安装工程施工阶段施工现场每小时 PM10 平均浓度不宜大于 60 μg/m³ 或工程所在区域的每小时 PM10 平均浓度的 120%。

10.4.3 施工要求

喷雾机喷洒出的水雾与悬浮在空气中的 PM2.5 和 PM10 粉尘颗粒吸附、聚合、沉降,可达到消除污染物和减霾的目的。采用水平 360°自由旋转和垂直 -10°~45° 上下俯仰调节功能,环保降尘喷雾机全自动化装置确保除尘全过程无死角。环保降尘喷雾机采用 PLC 智能编程技术,可实现一键启停、远程操控等多项功能,操作简单。而模块化设计让后续的设备维护变得更加简便。经"雾云"技术雾化后,在大幅提升有效除尘率的同时,等水量的除尘覆盖范围扩大了近 30 倍,实测同面积除尘用水量不到传统设备的 5%。喷雾机采用全模块化设计,标准化生产。降尘喷雾机可应用于矿山露天粉尘、建筑工地大面积灰尘等大面积不固定粉尘的处理。

10.4.4 实施效果

(1)喷雾机喷洒出的水雾与悬浮在空气中的粉尘颗粒吸附、聚合、沉降,可达到消除污染物粉尘目的。安装这种除尘设备后就可以保证运出的渣为干渣,且不会出现扬尘逃逸和灰浆四溢等二次污染的问题。

(2)保护环境、操作简单,充分利用天然水资源以及充分利用了施工现场产生的废水,节约了水资源,减少了大量人力。实现一键启停、远程操控等多项功能,操作简单。

（3）本技术和传统的技术相比，科学合理，降尘速度进度快、干扰因素少，在保证工程使用功能的同时，更有利于企业的正常生产，可获得较好的经济和社会效益。

10.5　木工机械双桶布袋除尘技术

10.5.1　适用条件和范围

该技术适用于施工现场木方、模板加工。

10.5.2　技术要点

含尘气体从袋式除尘器入口进入后，由导流管进入各单元室。在导流装置的作用下，大颗粒粉尘分离后直接落入灰斗，其余粉尘随气流均匀进入各仓室过滤区中的滤袋。当含尘气体穿过滤袋时，粉尘即被吸附在滤袋上，而被净化的气体从袋内排除。当吸附在滤袋上的粉尘达到一定厚度时电磁阀开，喷吹空气从袋出口处自上而下与气体排除的相反方向进入滤袋，将吸附在滤袋外面的粉尘清落至下面的灰斗中，粉尘经卸灰阀排出后利用输灰系统送出。

10.5.3　施工要求

除尘器利用滤料捕获烟气中的尘粒。滤料捕获尘粒的能力决定了除尘器的除尘效率。因此，整个除尘器的工艺流程可以简单描述为通过对经过除尘器的含尘气流的阻力的控制，滤料保持了最大的捕获尘粒的能力，此控制即为周期性地对布袋清灰，防止气流阻力过大。

气流在进入汇风箱后，经过各入口阀直接进入各箱体进行过滤，气流流量由各过滤室的压力自行控制，压力低的过滤室气流流量将较大。因此，一旦一个过滤室的压差过大，更多的气流（含有更多的尘粒）将被赶往其他过滤室，直到各过滤室压差相当。在实际工况中，各过滤室的压差基本相同，如果某一过滤室的压差较高（高于设定值），该室将进入清灰程序；如果某一过滤室的压差一直较高且清灰后无明显下降，说明该室有滤袋被堵；如果某一过滤室的压差一直较低或陡然下降（低于设定值），说明该室滤袋有破损。

在灰斗上部（中箱体）设有进风管，气流由此进入过滤室，灰斗进风管中的气流分配系统将气流均匀地分布到过滤室的整个截面过滤室中，由花板分隔成净气室（上箱体）和含尘室（中箱体）两部分。

滤袋安装在花板上，含尘气流在穿过滤袋进入净气室（此过程即为过滤过程或称为除尘过程）时，滤袋外表面即留下一层灰层（布粉层）。与滤袋材质相比，灰层更为细密。

木工机械双桶布袋除尘技术采用布袋除尘，双排布置，除尘器采用下进风、外滤式过滤方式，除尘器的滤袋利用弹簧涨圈与花板连接，形成了干净空气与含尘气体的分隔。

滤袋由袋笼所支撑。在清灰时，由 PLC 发出信号给电磁脉冲（进口），通过喷吹管喷出压编空气，使滤袋径向变形抖落灰尘。除尘器顶部设检修门，用于检修和换袋（除尘器的维护、检修、换袋工作仅需在机外就可执行，不必进入除尘器内部）。除尘器设有保温层，防止在环境条件下结露现象的发生及保护除尘器顶部装置。

除尘器配置进风分配系统可有效地使进入除尘器的含尘气体均匀地分布到每个滤袋，防止清灰过程中滤袋间的碰撞和摩擦，有利于延长滤袋的使用寿命。

除尘器灰斗设置电加热装置，防止积灰结露，保证了除尘器灰斗卸灰的顺利进行。

整个除尘器控制系统采用 PLC 进行自动控制，设置定时清灰控制方式并设有压力、温度、料位等检测报警功能。除尘器电控柜密封门可防尘、防水、防小动物。

技术应用依据：《冶金除尘设备工程安装与质量验收规范》GB 50566。

10.5.4 实施效果

该技术移动性、随意性好、吸尘效果佳，对于粉尘点多的环境更为适合，在现场不能清尘时可将整机移至空旷处清理。它可实现各点机台随意控制，避免了电力资源浪费。绿色施工有效降尘，吸尘效果好。

10.5.5 工程案例

（1）汇豪观邸 A 地块项目位于青岛市城阳区春阳路 105 号，工程总建筑面积 91829.79 m²，包括 6 个叠拼和 5 个高层及地下车库；高层为剪力墙结构，叠拼和地下车库为框架结构。本工程采用木工机械双桶布袋除尘技术，有效解决了木工棚扬尘问题。

（2）中集冷链研究院项目位于胶州市湘江路以北科技大道以东，包含高层、小高层以及叠拼在内的共 17 栋住宅楼。本工程采用木工机械双桶布袋除尘技术，有效解决了木工棚扬尘问题。

10.6 油烟净化技术

10.6.1 适用条件和范围

该技术适用于工地现场食堂的油烟净化处理。

10.6.2 技术要点

将厨房内的高温油烟通过集烟罩、通风管道、净化器进行净化处理后排放。目前市场上的油烟净化设备可以分为四类：机械式、湿式、静电式和复合式。其中，静电式净化设备最为广泛。

油烟由风机吸入油烟净化器，其中部分较大的油雾滴、油污颗粒在均流板上由于机械碰撞、阻留而被捕集。当气流进入高压静电场时，在高压电场的作用下，油烟气体电离，油雾带电，大部分得以降解炭化；少部分微小油粒在吸附电场的电场力及气流作用下向电场的正负极板运动，被收集在极板上，在自身重力的作用下流到集油盘，经排油通道排出，余下的微米级油雾被电场降解成二氧化碳和水，最终排出洁净空气；同时，在高压发生器的作用下，电场内的空气产生臭氧，除去了烟气中大部分的气味。油烟净化系统见图10-6、图10-7。

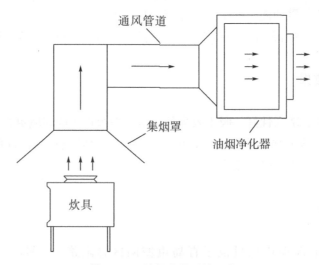

图10-6　油烟净化系统示意

图10-7　现场油烟净化系统

10.6.3　施工要求

与传统的油烟机相比，油烟净化技术充分地把油和水从油烟中分离出来，排出去的是干净的气和极微量气态的油。

新开工程食堂投入使用前，在油烟机末端出风口处安装油烟净化器。食堂投入使用后，在烹饪过程中产生的油烟通过净化后排放至大气，有效减少了建筑施工过程中对大气的污染，从而达到了保护环境、关爱职工健康的目的。

10.6.4　实施效果

（1）经济效益：油烟净化技术运行成本低，维护保养简便、费用低，设备使用寿命长，经济性好。

（2）社会效益：油烟净化技术的使用，有效推进了建筑施工行业在控制大气污染方面的进步，得到了当地主管部门和建设、监理单位的好评，具有明显的社会效益。

（3）环保效益：油烟净化技术的使用，有效控制了工地食堂油烟的排放，减少了油烟对大气的污染，有利于控制工地现场的 PM2.5；避免了油烟涓滴的出现，避免了环境污染；减少了油烟排放，也大大减少了食堂油烟对职工健康的影响，保证了职工健康，具有明显的环保效益。

10.6.5　工程案例

（1）淄博市文化中心 C 组团项目位于淄博新区联通路南、心环西路东，建筑面积76782 m^2，包括文化科技馆、陶瓷博物馆。其中，文化科技馆建筑面积21503 m^2，建筑高度为28.4 m；陶瓷博物馆建筑面积38539 m^2，建筑高度为46 m。本工程施工过程中，食堂厨房安装了油烟净化器。

（2）齐韵大厦位于淄博新区，处于北京路与人民西路交叉口。项目规划总用地面积8036.39 m^2，净用地面积5402.18 m^2，总建筑面积约72604.84 m^2；地下 2 层为车库及设备用房，地上由 1 栋 30 层办公楼及 1 栋 4 层裙房组成；结构主体高度129.55 m，建筑最高点为160.4 m。本工程施工过程中，食堂厨房安装了油烟净化器。

10.7　密闭空间临时通风及空气监测技术

10.7.1　适用条件和范围

该技术适用于密闭空间的临时通风及监测作业。

10.7.2 技术要点

在深井、消防水池等密闭空间内设临时通风口，安装封闭型轴流风机进行换气，并对密闭空间内空气质量进行监测。采用风机时，应在风机封闭阀上安装电伴热装置，防止冷热交替、结霜冻冰，妨碍封闭阀的开启和关闭。对深井、消防水池等密闭空间按照测氧、测爆、测毒顺序检测密闭空间环境，临时通风2小时以上。

10.7.3 施工要求

（1）密闭空间施工前应打开所有孔洞进行自然通风。

①纵深立式的密闭空间，最佳换气方式是"底部进气、顶部排气"，即"风机安装在密闭空间底部"或"风管伸入密闭空间底部"，见图10—8～图10—10。气流由密闭空间底部进入、顶部排出。如果进气和排气处于同一开口，易产生短路，此时可使用大功率的风机并且增加空间内风管（可伸缩蛇管）的长度。为防止气流回路产生，可以适当延长密闭空间外进气风管的长度。

图10—8　风机安装在密闭空间底部　　　图10—9　风管伸至密闭空间底部1

图10—10　风管伸至密闭空间底部2

②采用管道空气送风时，通风前必须对管道内介质和风源进行分析确认。对有可能集聚有毒物质的工作场所要进行充分通风，通风时应使用新鲜空气，禁止直接向密闭空间输送氧气或富氧空气，防止空气中氧浓度过高导致危险；强制通风时，应把通风管道延伸到密闭空间底部，有效除去比空气重的有害气体。采用风机时，应在风机封闭阀上

安装电伴热装置，防止冷热交替、结霜冻冰，妨碍封闭阀的开启和关闭。

（2）工人进入密闭空间前，应根据相关规范要求监测有害气体、可燃气体浓度，最后有针对性地测定常见的有毒气体的浓度。

①作业前30分钟内，必须对密闭空间气体采样分析，分析合格后，方可进入密闭空间，分析的样品应保留至作业结束。

②采样点要有代表性。作业中要加强定时监测，情况异常立即停止作业，并撤离人员，同时作业许可证关闭；作业现场经处理后，取样分析合格，待重新开具作业许可证后，方可继续作业。

③测氧：在已确定为缺氧的环境中作业，必须采取充分的通风换气措施，使该环境空气中的氧含量在作业过程中始终保持在0.195以上，严禁用纯氧进行通风换气。

④测爆：当密闭空间内存在可燃气体或粉尘时，所使用的器具应达到防爆要求。密闭空间空气中，可燃气体浓度应低于爆炸下限的10%，对油箱、油罐等容器的检修，空气中的可燃气体应低于爆炸下限的1%。

⑤测毒：有毒气体的浓度，需低于《工作场所有害因素职业接触限值·化学因素》GBZ 2.1和《工作场所有害因素职业接触限值》GBZ 2.2所规定的浓度要求。当工作场所不能通风或情况不明时，或者虽经通风但有毒气体浓度仍然超标时，或者管制场所含有的有害气体浓度超过威胁生命的浓度时，应使用空气呼吸机、氧气呼吸机等呼吸防护用品。

⑥作业人员进入密闭空间作业前和离开时应准确清点人数。在密闭空间作业时，必须配备报警装置，以便有危险时能发出警报，使工人有足够时间撤离。

⑦进入密闭空间施工的工人应采取多班轮换制工作，每班作业时间不超过2小时。对作业场所要进行持续监测，及时发现危害因素；当作业人员感觉身体出现异常或探测到危险状况时，必须立即撤离。

⑧作业人员离开密闭空间时，应将作业工具带出，不准留在密闭空间。涂刷具有挥发性溶剂的涂料时，应做连续分析，并采取可靠通风措施。密闭空间外要备有空气呼吸器（氧气呼吸器）、消防器材和清水等相应的急救用品。

10.7.4　实施效果

密闭空间临时通风及空气检测技术的施工方法简单，设备机具容易获得，是推动建筑行业在保证工人健康和施工安全方面的一大进步，可有效提高密闭空间的施工环境，减少有毒有害气体对工人健康的不利影响，保证施工安全和人员健康，具有明显的经济、社会、环保效益。

10.7.5　工程案例

淄博市文化中心C组团项目位于淄博新区联通路南、心环西路东，建筑面积76782 m²，包括文化科技馆、陶瓷博物馆。其中，文化科技馆建筑面积21503 m²，建筑高度为28.4 m；陶瓷博物馆建筑面积38539 m²，建筑高度为46 m。本工程消防水池、生活水池防水施工时，使用了密闭空间临时通风及空气检测技术，通过使用风机对消防水池进行换气，有效减少了有毒有害气体对工人健康的不利影响。

10.8 成品隔油池、化粪池、泥浆池、沉淀池应用技术

10.8.1 适用条件和范围

该技术适用于施工现场的隔油池、化粪池、泥浆池、沉淀池。

10.8.2 技术要点

成品隔油池、化粪池、泥浆池、沉淀池建造周期短，总体造价低，节约用地，排列组合灵活，抗压强度高，不渗漏，便于搬运，可多次重复使用。预制混凝土化粪池实例见图10-11。具体技术特点如下：

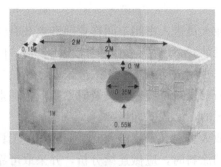

图 10-11 预制混凝土化粪池实例

（1）最优性价比：相比现浇钢筋混凝土结构、砖混结构等处理装置，由于可多次重复使用，其本身结构也不易渗漏，具有良好的实用性和经济性。

（2）结构更安全：相比传统混凝土、砖混结构，采用预制定型化结构，其装置整体性和防水性更好，且抗压强度高。

（3）工期更短：定型化构件运到现场后当天便能完成全部安装，可快速使用。

（4）性能更佳：完全开放式安装，安装全过程可控，可避免污染地下水土。

10.8.3 施工要求

（1）放线开挖基坑：严格控制标高，保证进出水口标高符合设计要求。

（2）地基基底处理：无地下水情况下，原土夯实，上铺150 mm厚的C20混凝土垫层，表面找平，混凝土表面高差控制在10 mm以内；有地下水情况下，先排水，基底土

质换填后铺150 mm厚的C20混凝土垫层，表面找平，混凝土表面高差控制在10 mm以内。

（3）污水处理装置吊装：将各个污水处理池按顺序放入基坑，控制好各个底座的水平位置，严格控制整体池体垂直度，及时调整。

（4）接缝处理：连接缝凹槽内灌聚合物防水水泥砂浆，表面用聚合物防水水泥砂浆抹缝。

（5）管道安装：管道与池体连接处用橡胶密封环进行密封，内外两侧灌微膨防水水泥砂浆，两侧灌微膨防水水泥砂浆。

（6）加盖回填：将污水处理池顶盖吊装至池体上并固定。

10.8.4　实施效果

控制污染物排放，避免地下水土污染；标准化产品，可重复使用。

10.8.5　工程案例

（1）山东青年政治学院实验实训楼工程位于济南市历城区，建筑面积29711.43 m²，于2016年10月开工，2018年2月竣工。本工程施工现场所用隔油池、化粪池、泥浆池、沉淀池等均为定型化制作。

（2）济南高新区实验中学一期工程教学实验楼工程位于济南市历城区孙村片区，建筑面积约31729.03 m²，于2015年5月开工，2016年5月竣工。本工程雨污水处理装置均采用定型化产品，现场安装。

10.9　插销式可拆卸钢筋堆场底座技术

10.9.1　适用条件和范围

该技术适用于施工现场钢筋材料存放。

10.9.2　技术要点

插销式可拆卸钢筋底座，包括至少两组底座单元，每组底座单元由至少一个底座单元体构成。本例实施的底座单元为4组，每组底座单元由一个底座单元体构成，4组底座单元平行独立放置，间距为2500 mm，底座单元体包括座体、插槽、竖向隔断、支撑板、加固钢板、水平支撑。竖向隔断刷红白油漆，其他组件刷黄黑漆，见图10-12。

图 10-12　插销式可拆卸钢筋底座

10.9.3　施工要求

　　插销式可拆卸钢筋底座的原理在于其包括至少两组底座单元，底座单元之间平行独立放置，每组底座单元由至少一个底座单元体构成，底座单元体包括座体，座体的两端顶部分别设有支撑板，座体的侧面均匀设有插槽，插槽内活动插入竖向插销隔断，竖向插销隔断至少有两个。在座体的另一侧面正对每个插槽的另一侧设置有加固钢板，座体的每个侧面均设有水平支撑。该插销式可拆卸钢筋底座的关键在于插槽与插销的配合，插槽高度不宜过低，以免影响插销侧向强度。其次在于座体的稳定性，座体的每个侧面均设有水平支撑，以保证整个座体的稳定性。

10.9.4　实施效果

　　（1）经济效益：插销式可拆卸钢筋底座制作简单，安装、使用、拆卸方便，可大大减少人力物力，重复周转使用次数多，可以有效节约项目成本，具有较高的经济效益。

　　（2）社会效益：该技术解决了施工工地上钢筋材料堆放杂乱、不方便钢筋取用的问题，对于工地的安全文明施工及城市的安全文明卫生建设具有积极的作用。

　　（3）四节一环保效果：插销式可拆卸钢筋底座制作材料简单，可以重复周转使用，占地面积小，堆放材料多，在节材节地及环境保护方面的效果较好。

10.9.5　工程案例

　　（1）烟台万科翡翠公园项目 B 地块工程由烟建集团有限公司承建，位于烟台市芝罘区，建筑面积102614.05 ㎡，技术应用时间为 2016 年 5 月 25 日至 2017 年 5 月 24 日。

　　（2）山东省文登整骨烟台医院工程由烟建集团有限公司承建，位于烟台莱山区山，建筑面积148659.66 ㎡，技术应用时间为 2016 年 4 月至 2017 年 10 月。

10.10 全自动标准养护室用水循环利用技术

10.10.1 适用条件和范围

该技术适用于现场实验室养护用水的循环利用。

10.10.2 技术要点

标准养护室可根据工程实际大小设置不同的标养室，内部设置温度和湿度传感器，控制养护水的启停，地面设置排水沟与三级沉淀池相连，实现养护用水的循环重复利用。标养室及内部设置见图 10-13。

图 10-13　标养室及内部设置

当养护室内的温度高于控制仪的上限给定值时，控制系统即输出制冷信号，控制单冷空调，外接负载工作；反之，温度低于控制仪的下限给定值时，主机即加热，当达到控制要求时自动恢复到恒温状态，如此反复，达到控制温度的目的。用户如果安装的是冷暖型空调，则不能去掉遥控装置，宜把空调调整在目标控制温度的下限，利用控制仪把温度控制在更精确的状态下。

当养护室内的湿度低于控制值时，控制系统输出加湿信号，控制主机加湿器工作，室内湿度达到要求后即自动停止工作。控制仪还设置有手动加湿功能，只要按下控制面板上的手动加湿按钮，即可进行人为加湿。

温、湿度的控制均由数显仪表自动交互，操作方便。

10.10.3 施工要求

（1）首先将控制箱固定在养护室内，注意喷雾口方向。选择适当位置将温湿度探头固定在养护室内，湿度传感器水泡加注室温净水。

（2）然后将抽湿机放于养护室中心位置。

（3）在安装时必须接好地线，电源须经闸刀开关才能接至控制仪上。

（4）对控制仪进行试运行，当输出信号无误后，把抽湿机的电源插头插入控制仪身后的插座上。

（5）养护室四周设置排水沟，室外设置三级沉淀池，加压水泵与控制箱相连，实现养护室养护用水的循环利用。

10.10.4 实施效果

应用全自动标准养护室用水循环利用技术，可减少工程用水量，提高试块养护质量。

10.10.5 工程案例

淄博碧桂园二期水蓝湾工程由山东三箭建设工程管理有限公司施工，位于淄博市周村区张周路以北孝妇河以西，建筑面积43342 m^2，开工时间为2015年10月，竣工时间为2017年9月。从项目开始到主体完工期间，项目现场设置一个标准养护室，利用冷暖型空调与抽湿机对标准试块进行温控与湿控养护，利用先前设置的排水沟进行水资源回收再利用，应用全自动标准养护室用水循环利用技术减少了工程用水量，提高了试块养护质量。

10.11 定型化可调高度通道楼梯技术

10.11.1 适用条件和范围

该技术适用于各类建筑工程的通道楼梯。

10.11.2 技术要点

楼梯采用型钢构件制作，包括楼梯梁、踏步、调节组件、连接螺栓、支座、栏杆、挡脚板等部件。主梁与次梁之间设置有至少两组用于调节主梁与次梁之间间距的调节螺栓组件，踏步板的两端部前后两侧分别与主梁和次梁连接。在楼梯高度变化的情况下，主梁与次梁之间的间距可以根据需要调节。调节楼梯的调节螺栓组件即能调节楼梯高度。

10.11.3　施工要求

此通道楼梯是一种钢结构可调节楼梯，具体结构示意图如图 10-14 所示。

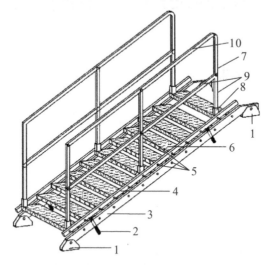

图 10-14　定型化可调高度通道楼梯结构示意图

1—安装支座；2—调节螺栓组件；3—主梁；4—次梁；5—螺栓；6—踏步板；
7—竖向护栏；8—固定底座；9—护栏；10—横向护栏

本定型化可调高度通道楼梯（包括楼梯梁和踏步板）。楼梯梁包括主梁和次梁，次梁平行设置于主梁的上方，主梁与次梁之间设置有至少两组用于调节主梁与次梁之间间距的调节螺栓组件。踏步板的两端部前后两侧分别与主梁和次梁连接。主梁的两端分别连接有安装支座，主梁的两端分别通过螺栓铰接在安装支座上。踏步板通过螺栓与主梁和次梁铰接。调节螺栓组件包括贯穿主梁的调节螺栓，主梁的上下两端分别固定有与调节螺栓配合的螺母，次梁的下端面固定安装有与调节螺栓端部配合的垫片。位于上端、下端和中部的踏步板的两端分别对称设置有固定底座，固定底座内插装有护栏。护栏包括相互铰接的竖向护栏和横向护栏，横向护栏与主梁平行，竖向护栏的下端插装在固定底座内。

10.11.4　实施效果

该定型化可调高度的通道楼梯具有使用方便、安拆快捷、节约材料、周转使用次数多、能够标准化生产等诸多优点，在建筑工程上非常实用，符合绿色施工"四节一环保"要求，可重复使用、节约费用，得到了同行的认同。

10.11.5　工程案例

临沂市奥正诚园工程建筑面积 1.97×10^5 m²，共 34 个单体，工程占地面积超过 $1 \times$

10^5 m^2。工程开工日期为 2016 年 11 月 16 日，竣工日期为 2018 年 9 月 10 日。实际制作可调高度通道楼梯 12 个，可全部周转使用，极大地提高了工作效率，保证了施工工期。

10.12 封闭管道建筑垃圾垂直运输及分类收集技术

10.12.1 适用条件和范围

该技术适用于建筑楼层内施工垃圾的垂直运输及分类收集。

10.12.2 技术要点

临时垃圾通道截面边长在 300~500mm 之间，能满足大部分垃圾的运输要求，且不会造成浪费；通道设立以不影响施工、能长久使用及方便安装拆卸为原则，安装在楼层合适位置，当建筑楼层升高时，通道通过增加标准节的方式随之增高。安装时，安排电焊工用铁皮焊接尺寸统一的垃圾通道标准节（其上设置投料口）。然后用膨胀螺栓将标准节安装固定在剪力墙上，上下对正，相邻标准节搭接处用角钢固定，组合形成临时垃圾通道，底层设立封闭的垃圾中转站，防止垃圾落地形成的扬尘扩散造成空气污染。现场封闭垃圾通道如图 10-15 所示。

图 10-15 封闭垃圾通道

10.12.3 施工要求

（1）施工前，在剪力墙上进行放线，并根据标准节尺寸确定膨胀螺栓位置。一般采用 M12 的膨胀螺栓对标准节进行固定，钻孔直径为 14 mm，间距为 500 mm。首先选择一个与膨胀螺丝胀紧圈（管）相同直径的合金钻头安装在电钻上，对墙壁打孔，孔的深度最好与螺栓的长度相同，膨胀螺栓孔示意见图 10-16。

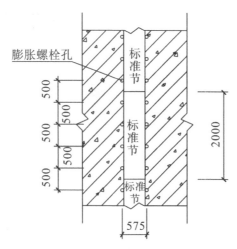

图 10-16　膨胀螺栓孔示意图（mm）

（2）标准节尺寸为 500 mm×500 mm×2000 mm，采用厚度为 3 mm 的铁皮制作，如图 10-17 所示。标准节为三面铁皮，一面临墙，采用膨胀螺栓将其固定在剪力墙上，施工时，先放线，确保通道上下顺直。

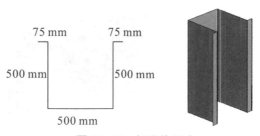

图 10-17　标准件尺寸

（3）标准节之间采用角铁进行连接。角铁规格为 60 mm×60 mm×3 mm，标准节安装后，在接口处采用角铁进行固定，使通道上下对正、接口严密，防止扬尘从接口处溢出，造成扬尘污染，如图 10-18 所示。

图 10-18　标准节交接处角铁详图

（4）垃圾中转站设立在首层，垃圾通道的长、宽、高根据现场楼层内垃圾日产量确定，见图 10-19。垃圾中转站除留设一清理垃圾的可关闭洞口外，其余部分必须密封，中转站内设喷淋系统（见图10-20），定时进行洒水，以防止坠落垃圾产生的扬尘扩散造成污染。

图 10-19　垃圾中转站

图 10-20　中转站内喷淋系统

（5）随着建筑楼层升高，垃圾通道也须增高。在标准节安装时，其两侧均焊接有角铁，当需要增加标准节时，只需将上部标准节下部角铁与下部标准节角铁相接，然后用螺栓固定牢固。同时，用膨胀螺栓将其固定在剪力墙上。

（6）升节完成后对通道进行检查：检查通道的垂直度、平整度；检查通道各部件是否有松动或安装不到位的地方，若发现隐患，及时进行整改，见图10-21。

图 10-21　通道升节

10.12.4　实施效果

（1）垃圾通道由同一型号标准节组合安装，易于拆装、周转使用，且通道标准节造价低廉，经济性好。

（2）高层建筑封闭管道建筑垃圾垂直运输及分类收集技术简便、高效，能有效减少垃圾清运过程中的扬尘污染，提高工作效率及现场绿色施工质量，受到建设、监理单位及同行的一致好评。

（3）该通道固定于剪力墙表面，减少了噪音、扬尘污染，积极响应了省市关于扬尘治理的号召，有利于环境的保护。

10.12.5 工程案例

（1）淄博高新区医药创新中心工程位于张店区世纪路与鲁泰大道交叉口东北角。本工程包括 A、B、C、D 座，裙房及地下车库，总建筑面积约 1.644×10^5 m²。地下 2 层为车库及设备用房，地上为 A、B、D 三座组合而成的综合楼及 C 座独立塔楼。其中，A 座 35 层，建筑高度 149.5 m，主要功能为综合办公、商业；B 座 22 层，建筑高度 97.7 m，主要功能为办公、商业；A、B 座通过 A1 座相连；D 座为 A 座的附属裙房，与 A 座之间通过变形缝分隔，建筑高度 23.9 m，主要功能为医药实验室；C 座为独立的 9 层塔楼，建筑高度 48.1 m，主要功能为制药中试车间、医药实验室。2015 年 11 月至 2016 年 10 月为该工程主体结构施工阶段，楼内建筑垃圾通过设置在排风井、油烟井等有上下贯通的井道处的垃圾通道运至地面临时垃圾中转站。该通道固定于剪力墙表面，减少了噪音、扬尘污染，积极响应了省、市关于扬尘治理的号召，具有显著的综合效益。

（2）济南市汉峪金融商务中心 A2 地块项目 3♯楼位于济南高新区舜华南路东侧，经十路南侧地块。该工程为框架－核心筒结构，地下 4 层，地上 24 层，建筑高度 107.00 m。该工程开工时间为 2013 年 3 月 15 日，竣工时间为 2015 年 3 月 9 日。经过工程实践检验，该项技术施工质量好、安装简便、维修方便，取得了良好的经济效益和社会效益。

10.13 临时设施定型标准化技术

10.13.1 适用条件和范围

该技术适用于工程施工现场或其他临时生产、生活基地的临时设施。

10.13.2 技术要点

工具化定型化临时设施共有两部分：工具化防护栏杆、工具化临时用电配电箱底座。

主要技术要求：

（1）工具化防护栏杆技术。本技术应用于工程所有洞口防护栏杆制作、安装，使用完成后可以周转，水平栏杆采用螺栓连接，可根据洞口宽度调节，适用性强。

（2）工具化临时用电配电箱底座技术。本技术应用于施工现场临时配电箱底座制作、安装，使用完成后可以周转。

10.13.3 施工要求

（1）工具化防护栏杆。针对临边洞口防护的组成特点，将临边防护按组成结构分为加固件与水平栏杆件。形成了一套从设计、加工、安装、成本核算等多种关键技术组成的施工技术。防护栏杆采用50 mm×50 mm×3 mm的方管固定；50 mm×50 mm×3 mm方管焊接在50 mm×50 mm×3 mm角钢上；角钢通过螺杆及20 mm×20 mm×2 mm方管固定于墙体。利用洞口两侧的工程实体结构，将加固件固定在工程实体结构上。根据实体阳角为90°的特点采用角铁，不会对工程实体造成破坏。

（2）工具化临时用电配电箱底座。本技术利用铁板、角铁强度较高，易于加工制作成型，方便连接固定的特点，为保证安全及使用功能，根据配电箱底座标准尺寸进行图纸设计，分部位制作、焊接完成后，采用丝接方式进行整体拼装。拼装完成后，按照图纸对增加的接线口、指示灯等部位进行开孔，然后对底座进行打磨喷漆，最后进行线路、指示照明装置的安装及底座的固定。配电箱安装完成后与底座指示及照明系统进行连接，如果出现跳闸情况，能够及时确定跳闸分盘。在夜间，有人员靠近配电箱时，底座上的感应装置能够自动感应，使照明灯亮起，保证操作安全。

10.13.4 实施效果

工具化临时设施能够多次周转使用，减少传统砖砌、模板支设、钢管搭设的材料投入，减少废旧模板和建筑垃圾的排放，保护环境。全部使用型钢制作，达到使用年限后，可以回收利用。

10.13.5 工程案例

临沂市奥正诚园工程建筑面积$1.97×10^5$ m²，共34个单体，工程占地面积超过$1×10^5$ m²。工程开工日期为2016年11月16日，竣工日期为2018年9月10日。工程施工前，天元建设集团有限公司投入大量财力物力，组织技术人员研制工具化、定型化临时设施，结合工程群体工程量大、需要投入临时设施多的特点，综合考虑，研制工具化临时设施，使现场防护全部采用工具化防护，安装、拆除方便，达到了现场安全文明、绿色施工的示范效果。

10.14 安全防护定型标准化技术

10.14.1 适用条件和范围

该技术适用于工程施工现场或其他临时生产、生活基地的安全防护。

10.14.2 技术要点

本技术可实现临边防护快速固定且不破坏主体构件装置的目标。安全防护标准化设施包括临边防护、楼梯临边护栏、洞口防护、安全门、围栏等。安全防护定型化示意见图 10－22。本技术包括固定角钢（5 mm×5 mm）、通丝螺杆、蝴蝶卡和螺母，将5 mm×5 mm角钢垂直与通丝螺杆焊接做整体为 L 型，角钢与通丝螺杆呈 L 型焊接，蝴蝶卡穿过通丝螺杆。在固定时，角钢端拉结在墙体构件外侧，蝴蝶卡端加紧临边防护在墙体内侧，将通丝螺杆上的螺母拧紧，以达到固定临边防护效果。

图 10－22 安全防护定型化示意图

10.14.3 施工要求

（1）采用国家标准材料通丝螺杆、角钢（5 mm×5 mm、厚度为3 mm）、蝴蝶卡，尺寸正确，螺杆角钢焊接牢固。

（2）固定端外侧角铁，角铁与建筑结构外侧墙角通过通丝螺杆拉结，通过调整螺杆长度来适应不同墙体厚度的拉结，调整蝴蝶卡凹槽来固定临边防护。

（3）固定调整螺母，通过螺母旋转调整临边防护与墙体加紧达到固定临边防护效果。

（4）将固定端角钢放置在外墙墙角，将临边防护固定在蝴蝶卡内，然后拧紧螺丝，使临边防护达到固定的效果。

10.14.4　实施效果

（1）现在的施工现场临边防护大多采用打眼埋入膨胀螺丝等方式固定，破坏了现场建筑结构成品，而采用新型安全防护定型化标准技术后做到了成品保护。

（2）现在的施工现场临边洞口防护加固时需要布设电线、电锤打眼等工作，花费时间较多；在后期拆除防护时，膨胀螺丝难以拆除，增加了现场施工难度，安装拆卸速度较慢，该技术则有效避免了类似问题。

（3）可重复使用，大大降低成本，节约材料，利于环保。

（4）使用定型化新型安全防护装置，比传统的安全防护加固更牢固稳定且耐用，同时满足了安全文明施工要求。

10.14.5　工程案例

济南高新区埠东安置区项目一期三标段工程位于巨野河东侧，西北为规划路，南临经十东路，占地面积约 3×10^4 m²。本工程总建筑面积97395.17 m²，合同额达 1.9780 亿元，包含单体 7 座，分别为 5#、8#、9#住宅，车库及配套公建（小学、幼儿园、换热站）。安全防护定型化标准技术安装拆卸灵活方便，外形整齐美观；可重复使用，大大了降低成本，节约材料，利于环保，便于推广应用，符合绿色施工要求。

10.15　高墩翻模施工安全防护通道技术

10.15.1　适用条件和范围

该技术适用于桥梁高墩翻模施工。

10.15.2　技术要点

（1）调好水平后插入立杆，安装首层横撑，注意将横撑安装在立杆最底的销库，将横撑的插头装入立杆的销库内，调节好平衡后打紧插片；安装横撑或横杆，梯子安装在横撑上，供施工人员上下通道，梯子内侧安装扶手；四周要安装斜杆，以加强整体稳定性；用 M10×60 螺丝紧固上下立杆的连接孔以保证安全；框架的主要杆件每隔 4~6 m 设置连墙杆件（与建筑实体紧固连接）。在墩柱上预留连墙杆件孔，杆件用钢筋、钢管焊接，钢筋长度大于墩柱直径。加固安全爬梯时，将杆件钢筋一端插进墩柱预留孔，钢管一端用扣件固定在爬梯钢管上，见图 10-23。

图 10-23　安全爬梯现场安装图

（2）安全爬梯上部与作业平台之间用型钢搭设栈桥作为人行通道。通道栈桥制作框架均采用100 mm×50 mm×5.3 mm的槽钢，两侧扶壁内利用50 mm×50 mm的角钢做剪力撑，底板利用∅28 mm的钢筋作为横撑，间距为1000 mm，上满铺模板，两端加工制作成卡槽，防止位移，一端卡设在作业平台底板角钢上，另一端卡设在安全爬梯上，见图 10-24。

图 10-24　人行通道与爬梯、作业平台连接图

（3）方墩柱施工安全爬梯，结合设计有墩柱承台、中系梁的实际，分两段搭设，不连续。承台至中系梁底部作为一段，中系梁到盖梁作为一段，在中系梁外侧位置设置外挂斜梯。进行中系梁混凝土浇筑时，预埋槽钢，中系梁拆模后，焊接固定斜梯的槽钢，进行外挂斜梯安装。焊接固定后，设置外挂斜梯护栏，绑扎防护网，见图 10-25～图10-26。

图 10-25　外挂斜梯　　　　图 10-26　中系梁上部安全爬梯

（4）空心墩施工，在模板上搭设安全作业平台与上下安全通道，如果在墩身外侧安装塔吊，可以在塔吊外侧一同搭设安全爬梯，塔吊基础与安全爬梯基础一同硬化，随着墩身高度增加，不断加高安全爬梯高度，安全爬梯与塔吊固定，塔吊与墩身固定。

（5）模板施工作业平台利用槽钢与模板四周肋板焊接成整体的平台，下方设置槽钢斜撑，每层模板设一层平台，平台面上铺设厚木板并与槽钢固定牢固，见图10-27。

（6）沿方柱墩四周分别设置3层工作平台，每层工作平台单侧宽600 mm，采用4根6 m长的12♯工字钢作立杆，75 mm的角钢作支撑架横撑与剪力撑，支撑架上用75 mm的角钢制作平台框架，上面满铺50 mm的厚木板并用∅12 mm的钢筋进行固定。平台周边护栏高1.2 m，利用∅28 mm的螺纹钢制作（设3道横杆，每1.5 m设置一道竖杆），见图10-28。

图10-27　安全爬梯、人行　　　图10-28　钢筋安装操作
通道、模板操作平台　　　　平台整体吊装

安全爬梯每3 m一节，每两节爬梯（6 m）与墩柱设置一处连接，每处左右侧各两根，均采用预埋∅40 mm PVC管穿设∅28 mm精轧螺纹钢工艺，一端车丝采用螺帽垫片固定，另一端与安全爬梯主骨架进行连接固定，加强墩柱与爬梯的联系，确保安全爬梯的整体稳定性。该连接部位同时设于底层模板底部，该处的精轧螺纹钢对翻模施工的底模加大了抗剪力，加强了翻模施工的稳定性。

便携式钢筋安装操作平台每2 m（一节模板高）设一处平台，平台外侧设置1.2 m高的护栏，利用格栅绿网进行安全围闭，支撑架上用75 mm的角钢制作木板框架，使用50 mm厚的木板进行满铺，并用∅12 mm的钢筋进行固定。

10.15.3　施工要求

（1）安装安全爬梯前，进行地基处理，硬化地面；寻找合适的工作面，将可调底座安装在合适的工作面上，底托用螺栓锚固，方墩施工可直接在承台上安装爬梯；安全爬梯随着墩柱施工高度的增加而增加，每次及时绑扎爬梯四周的防护网；在安全爬梯底部通道口设置"必须戴安全帽、当心落物、当心坠落、注意安全、同时上下爬梯限制五人"等安全标识标牌。

（2）跨中系梁外挂斜梯及中系梁以上安全爬梯的搭设，使用香蕉式安全爬梯，安装方便，经加固可作为工人上下安全通道，安全系数较高。但是，如果超高，安全爬梯上部就不稳固。

（3）搭设空心墩安全爬梯时，墩身承台周围设置警戒区域，用护栏封闭围挡，设置安全出口、安全通道、安全标识标牌。

（4）模板施工作业平台四周利用钢管焊接成不低于1.2 m高的栏杆，栏杆上涂刷红白相间的警示漆。

10.15.4 实施效果

（1）质量提升：安全爬梯坐落于承台上，确保了爬梯的基础稳定性。爬梯与墩柱间连接自底部起每6 m连接一处，每处左右侧各两根，均采用预埋$\varnothing 40$ mm PVC 管穿设$\varnothing 28$ mm精轧螺纹钢工艺，一端车丝采用螺帽垫片固定，另一端与安全爬梯主骨架进行连接固定，加强了墩柱与爬梯的联系，确保了安全爬梯的整体稳定性。该连接部位同时设于底层模板底部，该处的精轧螺纹钢对翻模施工的底模加大了抗剪力，加强了翻模施工的稳定性。

（2）施工安全改善：左右墩柱间安全防护通道搭设至模板顶部，给现场一线操作人员提供了安全、稳固的施工环境；原有老工艺靠近墩柱搭设安全爬梯，工人需攀爬小段模板，现有安全防护通道有了质的提高，对施工安全有了较大的改善，大大加强了安全系数。

（3）劳动力优化：原有的靠近墩柱搭设爬梯的方法需搭设两套安全爬梯，现施工工艺则大大减少了劳动力的投入。

（4）工效提高：安全爬梯原有工艺每增高一次（6 m）需花费4工天，按照目前的安全通道防护系统，只需花费3工天，既工序简单化，又大大提高了工作效率。

（5）利于推广：简捷、便利、安全、实用。

（6）环保程度：减少人力、物力、财力的浪费，起到了节能减排效果。

（7）成本投入：预埋$\varnothing 40$ mm的 PVC 管穿设$\varnothing 28$ mm精轧螺纹钢工艺，与墩柱连接替代了原工艺在墩柱四周用槽钢制作抱箍与安全爬梯连成整体工艺，减少了人工、材料、机械的不必要的浪费；左右两个墩柱只需投入一套爬梯，成本投入一次性完成，即可周期性循环使用，安拆省时省力，减少了成本的投入。

10.15.5 工程案例

自2016年3月至2017年7月，中铁十四局仁新高速公路TJ7项目在深渡水大桥墩柱的施工中应用了高墩翻模施工安全防护通道。深渡水大桥位于始兴县深渡水瑶族自治乡，跨越省道S244、清化河及国防光缆。全桥80％的桥墩高度在50 m以上，高墩施工难度大，投入设备多，安全隐患大，需要大量安全爬梯。高墩翻模施工安全防护通道在该项目得到了成功应用，简捷、便利、安全、实用，大大提高了工作效率。

10.16 现场临时变压器安装功率补偿技术

10.16.1 适用条件和范围

该技术适用于所有临时供电使用变压器的项目。

10.16.2 技术要点

临时变压器安装功率补偿装置可提高功率因数，降低线路损耗，增加电路有功传输能力，减少输配电设备容量、改善供电质量。总配电箱内智能型电容补偿器见图10-29。

图10-29 智能型电容补偿器

10.16.3 施工要求

选用智能型电容补偿器，能够识别该总箱后整个线路的功率因数，根据需求补偿容量自动分段投入，降低了线路损耗及电缆线径，增加了设备容量。同时，该系统对单相、三相线路都可以进行补偿。

10.16.4 实施效果

通过无功补偿降低电流，减小电缆截面积；减小压降，提高电源质量；降低线路损耗，提高现场箱式变压器的利用率。

10.16.5　工程案例

济南高新区新建辛庄安置区一期（南区）工程位于济南市高新区孙村办事处，东临巨野河，南临世纪大道，西靠孙村中学。南边长约500 m，北边长约260 m，南北长约540 m。该工程总建筑面积约 4.327×10^5 m²，其中地上面积约 3.034×10^5 m²，地下面积约 1.293×10^5 m²。本工程共由51个单体建筑组成，其中，A区有23栋小高层住宅（地上11层、地下1层）；B区有18栋高层住宅（3栋地上27层，地下2层；15栋地上18层，地下2层）；地下2层车库4座；公建6座，包含综合服务楼、幼儿园、文化活动站、服务站、村委管理楼、卫生站。项目通过使用现场临时变压器安装功率补偿技术减少了现场变压器的数量，减少了现场临时电缆的使用量，提高了电能的利用率，节约成本约473.5万元。

11　施工现场环境保护技术

11.1　现场绿化综合技术

11.1.1　适用条件和范围

该技术适用于施工现场办公区、生活区的绿化。

11.1.2　技术要点

根据地域特点、施工场所和生长环境选择速生植物绿化品种，具有美化环境、防止扬尘的作用。

11.1.3　施工要求

利用施工余料自制可移动式盆栽绿化移动架，节约材料，美化环境。利用多孔广场砖铺设办公及生活区地面，种植草皮，美化环境。

11.1.4　实施效果

（1）废旧木方制作成的可移动式盆栽绿化移动架，将废旧木方变废为宝，节约了材料，且可以根据现场需要随时改变位置，省去了二次移栽费用。

（2）可移动式盆栽绿化移动架可根据现场需要种植绿植；多孔广场砖铺设地面后可以种植草皮，美化了环境。

11.1.5　工程案例

山东汇金国际金融中心工程（山东省建设建工（集团）有限责任公司承建）建筑面

积93704.73 m²，施工场地狭小，应用本现场绿化综合技术解决了现场绿化难题，车库顶板上方配备多件可移动式盆栽绿化移动花架种植绿植，利于环境保护。

11.2　现场降尘综合技术

11.2.1　适用条件和范围

该技术适用于施工现场降尘。

11.2.2　技术要点

现场降尘综合技术，可采用雾炮降尘、自动喷淋、塔吊高空喷雾降尘、覆盖降尘等一种或多种降尘措施，达到扬尘治理的均衡效果（见图11-1～图11-4），具有方便快捷、灵活周转、零损耗等特点，可降低现场人工洒水降尘等成本，提高水资源利用率。

图11-1　雾炮降尘

图11-2　自动喷淋

图11-3　塔吊高空喷雾降尘

图11-4　覆盖降尘

11.2.3　施工要求

现场根据实际需要采用以下一种或几种主动降尘措施：

（1）塔吊高空喷雾降尘技术：在塔吊前臂安装水管，定时对建筑物四周进行喷雾降尘。

（2）现场自动喷淋及爬架喷雾降尘技术：现场沿需喷淋降尘的区域周边设置喷淋管线，定时喷雾降尘。在爬架上设置喷雾系统时，喷雾系统随爬架一同爬升。

（3）风送式喷雾机应用技术：采用风送式喷雾机定时喷雾降尘，现场可设置多个接水点，灵活移动雾炮位置，达到扬尘治理的均衡效果。

（4）化学抑尘剂、生物抑尘剂、管道静电除尘应用技术。

（5）采取硬化、绿化、覆盖等多种措施，尽可能减少扬尘的产生。

11.2.4　实施效果

采用现场降尘综合技术能够节省现场扬尘治理的人力物力投入，能够有效地湿润场地、治理扬尘，节约用水，方便灵活，不占用有效场地；还可减少洒水车等人力物力投入，节约成本，提高水资源利用率，可多次周转使用，资源利用率极高。

11.2.5　工程案例

山东外事翻译职业学院实验实训楼工程单层面积近5000 m²，占地面积较大，施工现场露土面积大，威海建设集团股份有限公司采用了现场降尘综合技术，效果良好。

11.3　砂石料场防扬尘电动覆盖技术

11.3.1　适用条件和范围

该技术适用于施工现场砂石料场及其他需要临时覆盖的堆场。

11.3.2　技术要点

在砂石料场围墙（围墙可采用钢板焊制、混凝土预制）上设置卷帘轨道及活动龙骨，采用卷帘机驱动滚轴使防尘针织帆布沿预设轨道随滚轴卷开，完成砂石料场的密闭覆盖。电源可由太阳能光伏发电系统提供。工人只需操作按钮即可实现物料100％覆盖或敞开，如图11-5所示。

图 11-5 砂石料场防扬尘电动覆盖

11.3.3 施工要求

与传统砂石料场的覆盖相比较，砂石料场防扬尘电动覆盖技术的研发是以绿色、节能、环保及模块化的绿色环保理念进行设计制作安装的，且砂石料场整体覆盖严密，可实现覆盖全程自动化，有效节省人力。

在实施前，要依据施工场地合理布置规划砂石料场的位置；上部电动覆盖装置能否运行顺畅的重点在于下部结构是否稳固；位置确定好后，根据工程实际尺寸设计料场下部维护结构，下部维护结构的设计应考虑维护结构整体性和侧向抗倾覆能力，避免维护结构位移或者倾覆导致上部覆盖结构破坏。上部电动覆盖装置运行轨道的坡度需要根据砂石料场内物料的堆放高度来确定；运行的卷轴必须保持两侧同步，从而确保上部驱动电机覆盖运行平顺流畅。

11.3.4 实施效果

（1）该技术结构简单、安拆方便，实现可周转使用。砂石料场防扬尘电动覆盖技术上下部分结构均使用工程周转材料制作，各构件均采用模块化制作；安装过程简单，耐久性好，周转、使用方便。

（2）砂石料场防扬尘电动覆盖技术能够实现料场100％覆盖，同时，围护结构与覆盖装置组成密闭空间，在大风天气能保持覆盖稳定。

（3）砂石料场防扬尘电动覆盖技术主要利用太阳光伏发电装置进行储备能源，使能源进行转换后作为驱动电机的主要能源输入，既节约能源、绿色环保，又减少了施工现场的能源消耗。同时，该技术减少了施工作业人员反复使用和覆盖物料的劳动量，只需按动驱动按钮即可实现砂石料场整体覆盖和开启，有利于职业健康管理。

（4）覆盖材料采用防水帆布等材料，可以在雨雪天气避免所存物料遭受降水降雪影响，以保证诸如砂石料等物料的含水率指标稳定。

11.3.5 工程案例

金地世家一期项目（山东道远建筑工程有限公司承建）由 1 栋 30 层的主楼和 4 栋 28 层的住宅组成，总建筑面积115000 m²，其中，地下为整体车库，局部地下 2 层为设备用房。施工现场极其狭小，砂石料使用频繁，利用车库顶板作为砂石料场地，采用砂石料场防扬尘电动覆盖技术构建砂石料场，可使砂石料场实现整体布置，现场统一模块化组装，实现砂石料场 100％覆盖。

11.4 垃圾密闭运输车应用技术

11.4.1 适用条件和范围

该技术适用于施工现场内运输建筑垃圾、混凝土、砂石及固体颗粒等物料。

11.4.2 技术要点

运输车可以由人力或者电力提供动力，两轮以上运输车均可实施。由人力推动的两轮密闭运输手推车通过对前翻斗上口加装合页后连接翻转盖板，装物料时将盖板打开，运输前盖上盖板，实现物料的全密闭运输，在倾倒物料时向前翻斗同时盖板由于重力自动打开，进行卸料。对于电动驱动的三轮或四轮电动车，料斗顶部加装两侧平开盖板，装料后盖上盖板，可采用手动抬起或电动液压自卸斗，卸料时料斗尾部翻转轴连接的挂钩解除对后挡板的约束，后挡板自动打开卸料。

11.4.3 施工要求

在原有运输工具上加装盖板，要结合运输工具的使用特点进行加装，尽量保持原运输工具在装料、卸料上的优点。加装盖板的翻转合页时，采用螺定，可以方便拆卸、周转使用。

11.4.4 实施效果

（1）通过在运输车料斗加装防尘盖板，与传统无盖板的运输车相比，可以限制工人超出料斗高度任意装卸散料，有效地杜绝散料运输时的遗撒和扬尘，符合环境保护的要求。

（2）加装的防尘盖板均采用金属合页和螺栓固定，不需要改动运输工具结构，安装和拆卸都非常简单。

（3）结合手推车的卸料形式利用翻转合页加装盖板，只需在装料时打开盖板，装料完成扣合盖板即可，卸料时保持了手推车卸料的便捷性，不需要再单独扣合盖板，使用方便。对于电动自卸车，由于采用手动抬起或顶升自卸方式，盖板不影响卸料，只在装料时开合一次，十分方便。

11.4.5　工程案例

金都世家一期项目位于潍坊市中心城区，总建筑面积115000 m²，场地狭窄，在主体二次结构、建筑地面等施工过程中需要频繁地运送零散的砂石料，施工过程中产生的建筑垃圾散料也是通过全密闭手推车或者电动车运送，节能环保。

11.5　焊接烟尘收集过滤技术

11.5.1　适用条件和范围

该技术适用于集中焊接工位排烟除尘。

11.5.2　技术要点

焊接烟尘采用吸气臂处理、一侧送风一侧吸风的方式除尘。其基本原理为：在风机作用下通过管道捕捉焊接产生的烟尘，通过管道传输到过滤系统，在滤芯作用下，原本含有害物质的焊接烟尘被净化，再通过风机排放。

该技术设备安全性高，性能稳定，结构简单，便于操作；万向吸臂可360°随意活动，可从烟气发生处吸除烟气；万向吸臂长3 m，筒径在150～160 mm之间；万向吸臂耐高温、高强度，耐用；吸口处有调节阀，可调节风量大小；烟尘净化效果好，达到室内排放的标准。设备见图11-6。

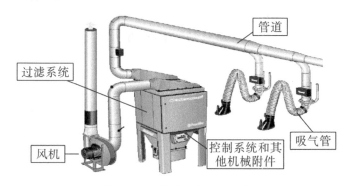

图 11-6　焊接烟尘收集过滤

11.5.3 施工要求

在风机作用下通过吸气管道收集焊接时的烟尘，通过管道传输到过滤系统，在滤芯作用下，将含有害物质的焊接烟尘进行净化，再通过风机排放。

11.5.4 实施效果

（1）活动臂管模拟人体手臂，最前段关节模拟人体的指关节，使用简单灵活，调节起来更容易，节省工作空间，不影响现场工人施工操作，有效地增加了工作效率。

（2）该技术切实减小了环境污染，提高了空气质量，使生产车间内部清洁、无粉尘、地面干净不积灰，有利于现场绿色文明施工。

（3）使用二氧化碳保护焊必然会产生焊接废气，这些气体不易扩散，现场相对密封，若连续生产作业，现场空气质量必然下降，对人体有害。现场采用收集过滤技术以后，大颗粒粉尘等均可以进行收集过滤，保障了现场生产人员的健康。

11.5.5 工程案例

中铁十四局集团有限公司在济南某工程投入焊接烟尘收集过滤装置，将焊接施工中产生的大量烟尘收集过滤，净化生产工作环境，既保证了空气排放符合标准要求，不造成污染，又对现场人员负责，保障了其生产健康安全，还进一步提升了现场文明施工水平。现场使用见图 11-7。

图 11-7 现场使用

11.6 沥青搅拌站出料口除尘技术

11.6.1 适用条件和范围

该技术适用于各类沥青搅拌站及粉尘排放浓度高的机械设备、场站。

11.6.2 技术要点

除尘系统由喷淋设备、轴流风机组、除尘管道、除尘箱、粉尘加湿机和下料口挡尘帘组成。接通电源后，电机带动风轮高速旋转，使除尘系统进气孔内外和排气口内外产生空气压力差，从而使粉尘能够随着蜗壳内腔的空气一起旋转加速吸入除尘管道，进入除尘箱，再进入粉尘加湿机，最后以泥块状态排出。在粉尘排放时，同步开启喷淋降尘设备，以隔绝并消除向四周扩散的余尘，见图11-8。

图11-8 除尘设备组成和安装

11.6.3 施工要求

在出料口的四周安装一个吸尘系统。粉尘排放时，开启吸尘装置。在搅拌机一级除尘系统和吸尘系统之间设置一条除尘管道。利用鼓风机将吸进管道的粉尘输送至一级除尘系统即除尘箱。通过除尘箱的降尘布袋过滤将洁净的空气排出，并通过螺旋绞龙将粉尘输送至粉尘加湿机处理后，排入粉池。除尘系统需与粉尘排放同步开启，还要定期对沥青搅拌站周边粉尘进行检测。

技术应用依据：《环境空气质量标准》GB 3095。

11.6.4 实施效果

对除尘系统进行环保效果测试可知，除尘系统能与粉尘排放同步开启；粉尘能够在扩散前被快速吸除，其浓度仅为72 $\mu g/m^3$。同时，对厂区污染源活动前后效果进行对比，各监测点皆达到优良。

11.6.5 工程案例

济南黄河路桥建设集团有限公司黄冈和瓦峪两处沥青搅拌站分别位于济南市天桥区黄冈路北段和济南市市中区十六里河瓦峪村，周边人口居住密度较大。2016年，该技术在黄岗站率先实施，2017年1月公司在瓦峪搅拌站推广应用，见图11-9。委托专业环评检测机构对黄冈厂区进行了一次环评检测。经检测，各项指标皆符合国家环保要求，减少了扬尘，提升了工人作业环境质量。

图11-9　瓦峪德基3000型沥青搅拌站应用

11.7　降噪隔音棚应用技术

11.7.1 适用条件和范围

该技术适用于木工棚、专业设备加工棚、混凝土罐车和泵送设备等降噪隔音。

11.7.2 技术要点

加工棚的结构设计应充分考虑各类恒载、活载及风荷载，保证加工棚的整体稳定与安全。加工棚墙壁上安装的吸声降噪材料应能防火或采取有效的防火措施。该项技术的关键在于木工加工棚内吸音板的安装，且要保证吸音板有较好的防火性能；其次在于木工加工棚骨架的稳定性，保证其在各类荷载作用下可保持整体结构的稳定。同时，在施工使用过程中需按规范要求使用临时电，保证施工安全。

11.7.3　施工要求

加工棚的位置应满足施工组织设计的总平面布置要求，尽可能远离周围居民区一侧，从空间布置上减少噪声影响。吸声板材的声学要求及厚度应满足降噪要求。加工棚的龙骨尽量采用可拆卸周转使用的钢龙骨。加工棚隔声材料设置厚度等参数，可根据加工棚外噪声测量值控制。

加工棚四角立柱可采用100 mm×100 mm×3 mm的方钢，底部焊接托板并用膨胀螺栓固定于硬化好的地面上，外侧固定彩钢板，水平方向采用50 mm×50 mm×3 mm的角钢做龙骨，600 mm×600 mm的吸音板采用8♯镀锌铁丝固定于横向水平龙骨，并且可以按照施工现场加工区及圆木锯的数量灵活设置，如图11-10。

图 11-10　木工加工棚

技术应用依据：《施工现场临时用电安全技术规范》JGJ 46。

11.7.4　实施效果

该技术可合理降低施工现场加工、设备棚等扬尘及噪音，改善施工作业环境，解决现场噪声污染居民投诉问题，对构建和谐环境有一定的帮助，对项目的安全文明生产及城市的文明建设工作有积极的作用；可重复周转使用，节约成本，具有较高的经济效益。

11.7.5　工程案例

万华化学上海厂房建设项目由烟建集团有限公司施工，位于上海市浦东新区康桥工业园 G01—04 地块，总建筑面积77924.45 m²。在 2015 年 6 月 3 日至 2016 年 12 月 31 日的施工过程中，通过采用加工棚降噪技术，在木工棚内增加穿孔吸音板，降低了木工加工时施工现场的噪音，减少了对周边环境及居民的影响。

11.8 充气式隔音墙应用技术

11.8.1 适用条件和范围

该技术适用于施工现场噪声控制。

11.8.2 技术要点

充气式隔音墙是一种施工降噪充气围挡装置，适用于有隔音防尘要求的采用充气式隔音墙作屏障的隔音墙施工。

（1）充气式隔音墙由基础、立柱、隔音墙墙体三部分组成（见图 11—11），其设计要求满足结构强度、防风、防火等要求；充气式隔音墙墙体材料采用防水防尘阻燃 PVC 夹网布材料，做成宽 6000～8000 mm、高 4000～6000 mm、厚 200～300 mm 的充气墙体单元，机械设备采用300 W 以上的鼓风机充气。

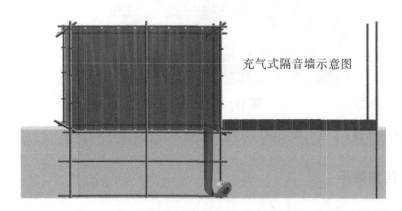

充气式隔音墙示意图

图 11—11 充气式隔音墙示意图

（2）利用气流实现自动提升，切断电源后自动下降，可实现群组连片整体升降，操作方便，隔音性能好，结构强度高，质地均匀，坚固耐用，具有良好的塑韧性和抗震、抗风性。

（3）基础采用钢架预埋、自重混凝土基础，立柱采用高稳定性钢结构支撑体系，工厂标准化生产，吊装作业，技术水平和技术难度中等。

11.8.3　施工要求

施工工艺流程为：基坑开挖→混凝土基础墩浇筑→钢架立柱制作安装→各组钢架焊接联结→轻质隔音墙墙体单元制作、安装→电源及鼓风机安装→安装完调试。

（1）基坑开挖：基础采用柱下独立基础，一般矩形基坑尺寸较小，采用人工开挖，必须注意基底土的牢固性。

（2）混凝土基础墩浇筑：独立基础一般长度为400 mm，宽度为400 mm，高度为600 mm。基坑内预埋5♯角钢与直径80 mm镀锌钢管焊接的埋件，浇筑C25商品混凝土。浇筑前，清除模板内的积水、铁丝、铁钉等杂物，并以水湿润模板，保持其表面清洁、无浮浆，符合要求后方可进行浇筑。

（3）钢架立柱制作安装：一般采用直径76或80 mm的镀锌钢管或者40 mm×60 mm镀锌方钢等材料。钢架立柱运至施工现场后保持构件表面清洁，每组钢架下部2条直径76 mm的钢管正好插入预埋的直径80 mm的钢管内。钢架立柱吊装设备采用轮胎式起重机，钢柱的绑扎采用两点绑扎，绑扎点在重心的上方，采取防止吊索滑动措施。垂直度用经纬仪或吊线坠检验，当有偏差时，采用液压千斤顶或丝杠千斤顶进行校正，位移校正可用千斤顶顶正，以达到设计要求。两立柱之间的空隙内浇筑混凝土砂浆，最后进行焊接固定，焊接坡口再以磨光机修磨。焊缝感观应达到外形均匀、成型较好，焊道与焊道、焊道与基本金属间过渡较平滑，焊渣和飞溅物基本清除干净的效果。

（4）各组钢架焊接联结：用40 mm×60 mm的镀锌方钢将每组井字架联结成一体平撑，联结好后，在每组井字架中间3000 mm处再焊接2支40 mm×60 mm的镀锌方钢作为隔音墙挡管，见图11-12。

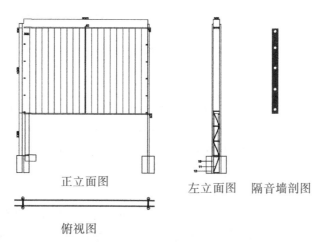

正立面图　　　　　左立面图　隔音墙剖图

俯视图

图11-12　新型环保轻质隔音墙结构示意图

（5）轻质隔音墙墙体单元制作、安装：新型环保轻质隔音墙墙体材料采用防水防尘阻燃PVC夹网布材料，制作成宽600～8000 mm、高400～6000 mm、厚20～300 mm的充气围挡单元。安装时，充气围挡单元的左、右两侧的鼻子通过圆环临时固定在支撑柱轨道上；充气时，围挡单元随气压的增大向上自动升高，不同位置的圆环顺着支撑柱轨道提升，见图 11-13。

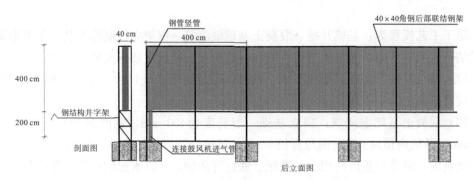

图 11-13　新型环保轻质隔音墙安装示意图

（6）电源及鼓风机安装：每 2 台鼓风机为一组安装固定于钢立柱旁边，将每组电源串联，按照电压要求设置配电箱；穿管线路按照设计图纸进行布设，埋地符合图纸要求，安装间距按照效果图示；配电箱内不同等级控制电源标注明显标示，安装牢固、箱体同结构相接触部分涂刷防腐漆，设置距地高度为1.5 m，同时配电板上标有各电路回路名称。

（7）安装完调试：测试隔音墙提升和下降的分别用时，设置好定时器开关时间。

11.8.4　实施效果

（1）单次使用新型环保轻质隔音围挡经济效益对比见表 11-1。

表 11-1　经济效益对比

	方案选择	制作安装成本	工程量	共计费用
经济效益	常规隔音围挡	360 元/m²	816 m²	293760 元
	环保轻质隔音围挡	135 元/m²	816 m²	110160 元

（2）新型环保轻质隔音制作、安装仅用 15 d 时间，1 名工人耗用2 h即可完成隔音墙的整体提升与下降，实现了隔音墙墙体的灵活提升和下降，减少了大风天气带来的安全隐患，满足了施工现场与周边居民区隔音降噪的功能，实现了可重复利用的功能。

（3）采用高稳定性钢结构支撑体系及轻质隔音单元的工厂化加工，最大限度地缩短加工及安装周期，较常规隔音墙装置安装缩短工期 30%，成本费用节省约 20%。

（4）新型环保轻质隔音墙装置的安装应用和使用表明，采用轻质的隔音材料制作的工地围挡，增强了隔音降噪效果。如遇大风天气，可快速将充气墙放气，围挡可快速降下，从根本上消除了 5 级以上大风天气的安全隐患，并且该围挡安装拆除过程无扬尘、废弃物等污染，拆除后可重复周转使用，节能环保。

11.8.5 工程案例

济南市经四纬十二棚户区改造 A 地块项目为钻孔灌注桩，筏板基础，框剪结构。根据项目部的施工部署，在土方施工阶段采取大开挖的方式，基坑内土方和桩基施工实行分段流水作业，现场土方机械和桩基机械由于在不同施工区段同时作业，造成的噪声污染较为严重。基坑边缘距西侧居民楼仅8000 mm，距南侧居民楼仅13000 mm，施工噪声对周围居民楼的影响较大。基坑边不足1500 mm处即为原居民小区的围墙，围墙高度仅2000 mm，无法满足现场安全文明施工的要求。在该工程中使用了一种新型环保轻质隔音墙装置来阻隔噪声（见图 11−14），围墙单元为充气中空结构，利用气流实现自动提升，切断电源后自动下降，可实现群组连片整体升降，操作方便，隔音性能好，结构强度高、质地均匀、坚固耐用，具有良好的塑韧性和抗震、抗风性，起到了隔音降噪的效果。

图 11−14 A 地块新型环保轻质隔音墙装置安装

11.9 炮眼钻杆消音罩应用技术

11.9.1 适用条件和范围

该技术适用于爆破作业炮眼的施工。

11.9.2 技术要点

（1）炮眼钻杆消音罩示意图见图 11−15，电机的端部安装有钻杆，钻杆的外部套设消音罩，消音罩是由内壳和外壳组成的同轴双层中空圆柱体结构，内壳和外壳之间的消音腔夹设有消音棉层，消音棉层设置为沿着消音腔呈波峰、波谷循环排布的波浪形结构，消音棉层的波谷处嵌设有截面呈"8"字形的消音筒。内壳的内壁设置有呈环形等间距排布的梯形凸起的接触层，内壳通过接触层和钻杆外壁紧密卡合；外壳内等间距交错设置有"U"形隔板和吸音孔，"U"形隔板的开口端朝向内壳。

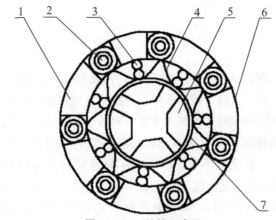

图 11—15　结构示意图
1—"U"形隔板；2—吸音孔；3—消音筒；4—消音棉；5—梯形凸起；6—外壳；7—内壳

（2）消音筒内填充蜂窝形隔板。蜂窝形隔板将空间分割为数个区域，延长了噪音在消音筒内的停留时间，使声音在隔板形成的传播道路上的阻力增大，提高了噪音消除效果。

（3）接触层的梯形凸起采用弹性橡胶制作而成。梯形凸起内嵌设有弹簧，梯形凸起的短边与钻杆接触。安装过程中，钻杆挤压梯形凸起，内部的弹簧和橡胶材质的双层弹性作用，使接触层与钻杆的接触面积加大，具有一定的弹性形变作用，弹性恢复作用强，安装快速便捷。

（4）"U"形隔板内沿中部水平横置有弹性球囊。通过"U"形隔板将钻杆的噪音与外界空气进行隔离，有利于阻止噪音进入消音罩外的区域，实现了主动消除噪音，进而降低了噪声污染。

（5）弹性球囊的表面均布半球形凹槽。弹性球囊将"U"形隔板的空间分割为两个腔体，对噪音传导过程中产生一个回弹力，使噪音向沿着内壳的反方向反弹，弹性球囊表面的半球形凹槽的吸音面积较大，有利于吸收噪音，起到隔音的作用。

（6）吸音孔设置为孔径由内到外呈梯度递增的渐扩孔。吸音孔为噪音在传导的过程中形成了一个传播通道，从而也有利于部分未吸收掉的噪音通过该吸音孔进行吸收。

11.9.3　施工要求

爆破作业前，持证爆破工做好安全防护，正确佩戴安全防护用品；将消音罩通过内壳内壁上的接触层的梯形凸起卡合安装在钻杆的外壁上，二者之间的挤压力压缩梯形凸起，使消音罩安装紧密、卡合稳定；通过电机驱动钻杆工作，钻杆在震动的过程中产生噪音，噪音通过内壳和外壳形成的双层隔道进行阻隔，将噪音停留在消音罩内，同时消音腔内的消音棉层可以消减各个接触面之间的缝隙，吸收碰撞、震动和摩擦的噪音；将消音筒筒壁设置成弧形曲面结构，钻杆的震音传递到消音筒时，向不同的方向快速有效地分散。

技术应用依据：《建筑施工场界环境噪声排放标准》GB 12523。

11.9.4　实施效果

（1）炮眼钻杆消音罩结构简单，加工快捷方便，材料成本为 150 元/个，人工成本为 50 元/个，合计 200 元/个。该装置安拆方便，可重复利用，经济效果显著。

（2）通过使用炮眼钻杆消音罩后，噪音降噪效果明显，施工时周边居民投诉明显降低，得到了监理及业主的一致好评，社会效果显著。

（3）炮眼钻杆消声罩在施工过程中具有减震效果，改善了工人作业环境，保障了工人作业时的人身健康，工人作业积极性提高，工作效率明显提高。

11.9.5　工程案例

本技术已应用于海军青岛大麦岛离职干部休养所工程，该工程位于青岛市市南区彰化路 3 号。地下 2 层，A♯楼主体 16 层，B♯楼主体 18 层，C♯楼主体 18 层，D♯楼主体 15 层。总建筑面积 60591.04 m²，建筑高度分别为 47.1 m、52.65 m、52.9 m、40.9 m。本工程主楼为框架－剪力墙结构，基础形式为条形基础；地下车库及商业网点为钢筋混凝土框架结构，基础形式为独立基础。通过应用该技术，成功避免了爆破施工造成的扬尘及噪声污染。

11.10　焊渣收集箱应用技术

11.10.1　适用条件和范围

该技术适用于轨道交通工程、市政工程、房建工程施工现场的钢筋焊接作业。

11.10.2　技术要点

（1）钢筋焊接作业焊渣收集箱，箱体设置为前板、后板、顶板、底板和两侧板连接而成的中空四棱柱结构。

①前板的中上部沿中线位置设置有长方形豁口；后板沿中线位置自上而下贯穿设置有矩形沟槽 a，矩形沟槽 a 的上、下两端分别向顶板、底板垂直延伸，矩形沟槽 a 和矩形沟槽 b 连通呈门字形通槽，矩形沟槽 a 内插设倒"L"形抽拉条；顶板上设置有倒"U"形把手，顶板上把手两端各开设一个排烟孔；箱体内距离底板一定高度的位置设置有缓冲钢网，缓冲钢网的四周等间距穿插钢珠，缓冲钢网的上方放置料渣接收板。

②箱体的两侧板内壁设置有隔热板。隔热板的中部设置为水平等间距排布的哑铃型中空圆管，中空圆管的两侧对称设置有蜂窝板。哑铃型中空圆管两端的管径大于中部的

管径，采用中空圆管结构且间隔一定距离进行设置，既保证了热量快速向外散发，又将料渣与箱体的侧板之间进行隔离，避免了烫伤现象。

③缓冲钢网设置为钢筋交错排布而成的开口的格栅结构。缓冲钢网起到支撑、隔热作用，缓冲钢网上方的料渣接收板接料后，取出倾倒，部分小颗粒的料渣通过缓冲钢网的格栅孔下落到底板上，进行统一清理。

④缓冲钢网和箱体的底板之间的空腔内放置水袋、冰块或隔热棉。在焊接过程中，将水袋、冰块或隔热棉放置在箱体的底板上，起到隔热的作用，避免人体接触到箱体发生烫伤现象，安全性高。

⑤矩形沟槽 a 和矩形沟槽 b 的宽度及深度均比钢筋焊接接头的直径宽，钢筋焊接接头放置在门字形通槽内。

⑥抽拉条的宽度大于矩形沟槽 a、矩形沟槽 b 的宽度，顶板上与抽拉条相互配合的位置开设有抽拉缝隙，抽拉缝隙的宽度与抽拉条的厚度一致。

（2）焊渣收集箱制作参数如下：

①焊渣收集箱由白铁皮焊接制作而成，其外部轮廓为200 mm×150 mm×300 mm的四棱柱，顶部加设倒"U"形把手，正面切开85 mm×200 mm的长方形豁口以方便焊接作业，背面沿中线位置开出40 mm×50 mm×300 mm的矩形沟槽以放置钢筋焊接接头。

②顶部把手两端各开出一个圆形孔，用以排出钢筋焊接作业时产生的大量烟尘。

③背部矩形沟槽内放置一块长325 mm、宽70 mm的抽拉条，抽拉条长度（325 mm）大于焊渣收集箱高度（300 mm），在顶端加装手柄以方便抽拉。

钢筋焊接渣斗详细尺寸及形状见图11-16。

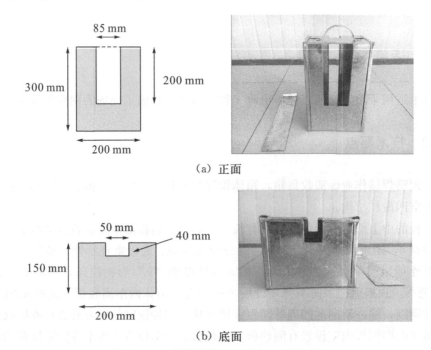

（a）正面

（b）底面

图 11-16　钢筋焊接渣斗详细尺寸及形状

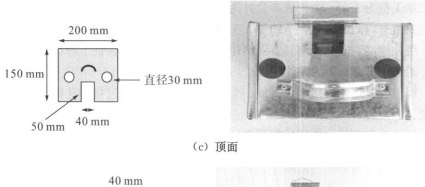

（c）顶面

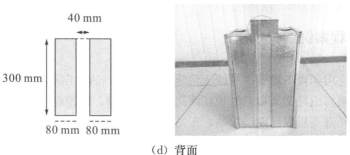

（d）背面

图 11-16（续）

11.10.3　施工要求

焊接作业前，持证电焊工做好安全防护，正确佩戴护目镜等安全防护用品；将焊渣收集箱后方抽拉条取出，由下向上地套上所需焊接的钢筋接头，过程中需适当按压防水卷材，以防渣斗锐利部位对防水板造成损伤；套上钢筋接头后，重新将抽拉条放回焊渣收集箱后方插槽内，从而将焊接部位与防水板分隔开；规范接电，开始进行电焊作业，见图 11-17。

图 11-17　现场使用操作

11.10.4　实施效果

（1）本实用新型中的箱体结构简单，加工快速方便。焊渣收集箱材料费为 50 元/

个，人工加工费为 50 元/个，成本合计为 100 元/个。料渣接收板对焊渣进行收集，省去传统人工清理焊渣的麻烦，节约了人工成本。

（2）缓冲钢网、隔热板均具有隔热作用，避免了烫伤，保证了焊接安全性，同时起着承重、耐磨、低滑动阻力的作用。

（3）焊渣收集箱使焊接部位形成一个密闭空间，烟气通过排烟孔排出，避免了电焊弧光外泄。

（4）焊渣收集箱投入使用后效果良好，有效保护了焊接处防水卷材施工质量，并避免了下方行人、物件受到伤害。

11.10.5　工程案例

本技术已应用于青岛地铁 1 号线土建施工一标段 I－A1 工区，工程位于青岛市黄岛区长江西路与峨眉山路交叉口，沿长江西路东西向敷设，明挖顺做法施工。峨眉山路站为地下两层、局部三层双岛四线车站，车站全长278 m，标准段宽43.1 m，车站中心里程处轨面绝对标高为－8.78 m，车站顶板覆土约 2.8～6.2 m，车站建筑面积为 31186.55 m²，其中主体25791.60 m²，附属5394.95 m²，共设 5 个出入口、2 组风亭（每组 5 个）、2 个安全出入口（兼做消防专用出入口）。应用该技术成功解决了钢筋焊接作业时烧损防水卷材、焊渣掉落引燃易燃物和火花飞溅烧伤下方作业人员的安全隐患。

12 其他技术

12.1 建筑垃圾减量化与资源化利用技术

12.1.1 适用条件和范围

该技术适用于施工现场的建筑垃圾管理与控制。

12.1.2 技术要点

建筑垃圾减量化是指在施工过程中采用绿色施工新技术、精细化施工和标准化施工等措施，减少建筑垃圾排放。一方面通过深化设计，优化下料方案等措施，减少原材料浪费，如图 12-1、图 12-2 所示；另一方面施工前通过优化施工方案，改进施工方法等，从源头上减少建筑垃圾的产生量，如图 12-3 所示。

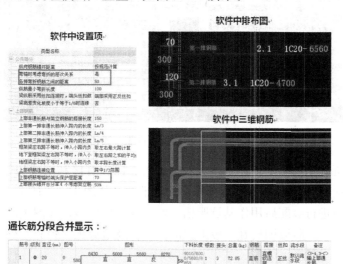

图 12-1 优化钢筋下料方案

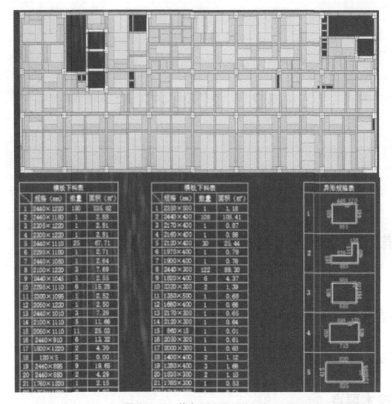

图 12-2　优化模板拼接方案

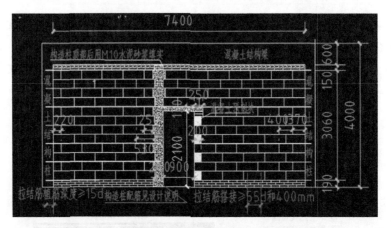

图 12-3　砌体施工前进行预排版，优化施工方案

　　建筑垃圾资源化利用是指建筑垃圾就近处置、回收直接利用或加工处理后再利用。根据再利用方向，将建筑垃圾分类收集、分类堆放，如图 12-4 所示。土方、碎石类、粉类的建筑垃圾进行级配后用作基坑肥槽、路基的回填材料，如图 12-5 所示。采用移动式快速加工机械，将废旧砖瓦、废旧混凝土构件就地分拣、粉碎、分级，变为可再生骨料，如图 12-6 所示。

图 12-4 垃圾分类回收

图 12-5 土方、碎石类用作路基回填

图 12-6 废旧砖瓦、混凝土构件就地分拣粉碎作为再生骨料

12.1.3 施工要求

（1）对钢筋采用优化下料技术，对钢筋余料采用再利用技术，如将钢筋余料用于加工马凳筋、预埋件与安全围栏等提高钢筋利用率。

（2）对模板进行优化拼接，减少裁剪量；对木模板通过合理的设计和加工制作，提高重复使用率的技术；对短木方采用指接接长技术，提高木方利用率。

（3）混凝土余料做好回收利用，如用于制作小过梁、混凝土砖等。

（4）在对二次结构的加气混凝土砌块隔墙施工中，做好加气块的排砖设计，在加工车间进行机械切割，减少工地加气混凝土砌块的废料。

（5）利用废塑料、废木材、钢筋头与废混凝土的机械分拣技术，利用废旧砖瓦、废旧混凝土为原料的再生骨料就地加工与分级技术。

（6）现场直接利用再生骨料和微细粉料作为骨料和填充料，生产混凝土砌块、混凝土砖、透水砖等制品的技术。再生骨料应符合《混凝土再生粗骨料》GB/T 25177、《混凝土和砂浆用再生细骨料》GB/T 25176、《再生骨料应用技术规程》JGJ/T 240、《再生骨料地面砖、透水砖》CJ/T 400 和《建筑垃圾再生骨料实心砖》JG/T 505 的规定。

（7）利用再生细骨料制备砂浆及其使用的综合技术。

技术应用依据：《建筑垃圾处理技术规范》CJJ 134、《工程施工废弃物再生利用技术规范》GB/T 50743 等。

12.1.4 实施效果

垃圾减量化一方面可以减少建筑垃圾的产生量,减少了废物堆放对周边环境的污染;另一方面减少了浪费,降低了施工原料的投入,减少了对生态环境的索取,保护了环境。此外,建筑垃圾回收利用避免了材料的浪费,节约了资源。

12.1.5 工程案例

(1)山东大学青岛校区理科教学科研综合楼 F 区位于山东省青岛市,由四栋单体组成,总建筑面积36017.07 m²,内外墙体砌体均采用 AAC(高性能蒸压砂加气混凝土砌块),总砌体量约10656.00 m³。青岛博海建设集团有限公司在砌体施工前进行预排版,优化施工方案,砌块在加工车间进行机械切割,减少了现场切割砌块产生的废料。

(2)唐岛七星二期 C6♯C7♯楼工程位于山东省青岛市,由两个单体组成,C6♯楼由 1 层裙房、主楼及地下车库组成,车库地下 1 层,主楼为办公楼,地上 19 层,地下 1 层。C7♯楼由 3 层裙房、主楼及地下车库组成,车库地下 1 层,主楼为办公楼,地上 23 层,地下 1 层。青岛博海建设集团有限公司在施工过程中优化钢筋下料方案,长短合理搭配,降低现场加工的耗损率,使钢筋耗损量降到 1.38%。

12.2 非传统水源回收与利用技术

12.2.1 适用条件和范围

该技术适用于施工现场用水。

12.2.2 技术要点

通过在盥洗池、淋浴室、生活区及道路两侧设排水沟、集水池,在集水池设压力泵,布管线至卫生间及施工区域,将非传统水经排水沟排入集水池,沉淀后用于冲厕所、喷洒路面、除尘、绿化、混凝土养护等,以达到节水、提高水资源利用率的效果。

12.2.3 施工要求

本技术是在原有现场非传统水排放的基础上,对非传统水进行科学有效的有组织收集、净化后加以重复利用。首先要求在开工现场布置前,依据现场场地实际情况进行非传统水回收系统线路设计,非传统水的回收路线尽可能利用地势有组织排水,必要时采用水泵等动力收集；非传统水经统一收集后多级净化，最终可以再次利用。

非传统水源回收与利用技术与施工现场生活、绿化、施工用水的需求量关联度大，同时需考虑与现场安全文明施工一体化，从而达到节能减排、绿色环保的目的。

12.2.4　实施效果

（1）与传统做法相比，本技术有效利用非传统水，节约用水成本，实现了污废水资源化，提高了水的重复利用率。

（2）本技术通过排水沟、集水池，有效利用了雨水及生活用水。

（3）本技术施工工艺完善、简便，可操作性强，非传统水收集方便，节水与水资源利用部分效果明显。

12.2.5　工程案例

（1）青岛高新区高新嘉园限价商品住房工程施工（一标段）3♯楼位于山东省青岛市高新区聚贤桥路以东、河东路以北、竹园路以西地块，总建筑面积7481.62 m²，结构类型为装配式剪力墙结构。施工现场全过程采用非传统水源回收与利用技术，有效降低了传统自来水的使用，达到了节能减排的良好效果。

（2）馨城住宅及公共租赁住房项目（二标段）位于山东省青岛市高新区新产业园地，总建筑面积为6677.49 m²，结构类型为装配式剪力墙结构。施工现场有效利用非传统水，节约了用水成本，实现了污废水资源化，提高了水的重复利用率。

12.3　可再生能源综合利用技术

12.3.1　适用条件和范围

该技术适用于施工现场生活区、办公区用能。

12.3.2　技术要点

（1）"空气源＋太阳能＋电开水锅炉"的综合热水节能解决方案的主要装置有集热器矩阵、空气源热泵、电开水锅炉、储热水箱、恒温水箱、集热循环泵、水箱循环泵、自动控制柜、温度传感器、电动阀等，见图12－7。利用自动控制柜，实现优先使用太阳能，辅助采用空气源热泵，保障生活热水供应的目的。饮用开水选用电开水锅炉供应，自来水补水管通过毛细换热盘管在储热水箱内进行预热后再进锅炉，以最大效率利用太阳能、节约电能。

（2）装置可模块化生产，施工方便，利于周转。双水箱系统更利于能量存储，最大限度地防止能量散失。集中集热器矩阵代替水箱一体式太阳能，增大了热量利用率。系统可实现自动控制，减少用电。所有材料均为传统施工中用的普通材料，对环境无污染。

（a）太阳能集热器　　　　　　（b）储热水箱、恒温水箱

（c）电开水锅炉　　　　　　（d）空气源热泵

图 12-7　"空气源＋太阳能＋电开水锅炉"现场综合应用

12.3.3　施工要求

（1）太阳能系统采用双水箱系统，最大限度采用太阳能；辅助能源在恒温水箱设置空气源热泵辅热，确保用水温度。

（2）控制要求：集热器温度传感器 T1、T3，集热水箱温度传感器 T2，集热循环泵 P1，集热水箱补水电磁阀 DCF1，回水电磁阀 DCF2。

①集热温差循环：当集热器温度 T1 与集热水箱中的水温 T2 温差≥7℃（可调）时，集热循环泵 P1 启动，将集热器中热水打进集热水箱中；当两者温差≤3℃（可调）时，循环泵 P1 停止。

②集热管路防冻循环：当集热器温度 T1 或 T3<5℃（可调）时，水泵 P1 启动，进行循环防冻；当集热器温度 T1 和 T3 都>8℃时，延时 2 分钟后防冻循环停止，防止循环管路冻堵（冬季使用）。

③高温保护功能：当集热器温度 T1＞95℃时，P1 不启动（按泵循环按键可启动 P1，5 分钟后停）；当 T1＜90℃时，恢复启动 P1。

④自动上水：

A. 定时补水：在设定时间，当集热水箱的水位低于 6 水位（水位可设置）时，打开 DCF1，补水至水箱水位达到 6 水位（水位可设置），停止补水。

B. 自动上水：通过自动上水键启动循环上水功能，当水箱水位低于 2 水位时（可调），自动打开电磁阀 DCF1，上水到 4 水位（可调），关闭电磁阀 DCF1，停止上水。

C. 定温上水：当水箱温度 T2＞55℃（设定温度＋5℃）且水位低于 6 水位时，电磁阀 DCF1 打开；当水箱温度 T3≤50℃（可调）或水位达到 6 水位时，电磁阀 DCF1 关闭，停止上水。

⑤手动上水：手动上水到设定的水位自动停止上水。

⑥空气能辅助加热控制：

A. 定时加热：在用水时间段三个小时前（可设定），当恒温水箱温度 T4＜50℃（设定温度－5℃）时，辅助加热自动启动，至水箱温度 T4≥55℃时，辅助加热停止。

B. 自动加热：当恒温水箱温度 T4＜40℃时，辅助加热自动启动，至水箱温度 T4≥55℃时，辅助加热停止。

⑦低水位保护：当水位为 0 水位时，P1 不启动。

⑧水箱间循环：当储热水箱温度 T2 与恒温水箱温度 T3 温差≥7℃（可调），循环水泵 P2 启动；当温差≤3℃时，循环水泵停止。

⑨故障报警：将可能发生的故障显示在屏幕上，便于故障确认及维修。

⑩宽电压工作：可以承受较宽的电压波动，耐高压、耐低压幅度较大。

⑪安全防护：设有短路、过流、漏电、过温断电四种安全防护功能。

（3）热水供水：采用增压泵供水，并在管道回路设置电磁阀定压；当采用变频水泵时，回水管路不需加设电磁阀。

（4）开水炉补水管通过长约30 m、⌀25 mm的不锈钢盘管在储热水箱内预热后进入开水炉。

12.3.4 实施效果

该技术充分利用太阳能、空气能、风能等可再生能源，有效节约化石能源，同时节省空间、节约人力，可循环周转使用。

12.3.5 工程案例

鼎秀家园房地产开发项目位于山东省济南市历下区龙鼎大道南首路东。工程总建筑面积 $4.96×10^5$ m²，由 19 栋多层住宅、27 栋高层住宅及连体商业、5 栋独立公建、7 个地下车库组成。项目部在工人生活区搭建了一套"太阳能＋空气源热泵＋电开水锅炉"综合热水系统，在持续一年多的时间里，为生活区近千余名工友提供热水，节约用电约15万度。

12.4 LED灯应用技术

12.4.1 适用条件和范围

该技术适用于施工现场临时照明。

12.4.2 技术要点

LED是一种能够将电能转化为可见光的固态的半导体器件。LED的心脏是一个半导体的晶片，晶片的一端附在一个支架上，一端是负极，另一端是连接电源的正极，整个晶片被环氧树脂封装起来。其主要有以下特点：

（1）节能：白光LED的能耗仅为白炽灯的1/10、节能灯的1/4，相同功率下亮度是白炽灯的10倍。

（2）长寿：寿命可达10万小时以上。

（3）安全：LED使用低压电源，供电电压在6~24 V之间，更加安全，特别适用于公共场所；每个单元LED小片是3~5 mm的正方形，可以制备成各种形状的器件，并且适合于易变的环境。

（4）绿色环保：不含铅、汞等污染元素，对环境没有任何污染。

（5）运输方便：固态封装，属于冷光源类型，可以很好地运输和安装，可以被装置在任何微型和封闭的设备中，不怕振动。

12.4.3 施工要求

在混凝土结构中安装LED吸顶灯时，应采用预埋螺栓或膨胀螺栓或塑料塞固定牢固、可靠。当采用膨胀螺栓固定时，应按产品的技术要求选择螺栓规格，其钻孔直径和埋设深度要与螺栓规格相符。固定灯座螺栓的数量不应少于灯具底座上的固定孔数，且螺栓直径应与孔径相配；底座上无固定安装孔的灯具（安装时自行打孔），每个灯具用于固定的螺栓或螺钉不应少于2个，且灯具的重心要与螺栓或螺钉的重心相吻合；只有当绝缘台的直径在75 mm及以下时，才可采用1个螺栓或螺钉固定。

LED吸顶灯不可直接安装在可燃的物件上，若安装在可燃物件上，必须采取隔热措施；如果灯具表面高温部位靠近可燃物时，也要采取隔热或散热措施。若LED灯没有灯罩，需采用明装的LED灯带按照下列方式安装：将电路板安装面朝上，将LED极性方向放好，长脚为正极，短脚为负极。焊接要用30 W的烙铁并接地线，焊接温度控制在240℃以内，时间不能超过2 s，焊好后再剪掉长出的引脚。办公区LED安装效果见图 12-8。

图 12-8 办公区 LED 安装效果图

技术应用依据：《建筑室内用发光二极管（LED）照明灯具》JG/T 467。

12.4.4 实施效果

照明设计以满足最低照度为原则，照度不超过最低照度的 20%。LED 灯不仅具有使用低压电源、适用性强、稳定性高、响应时间短、无污染、多色发光等优点，而且工程能耗低，只有白炽灯的 10%，节能效果非常明显。

12.4.5 工程案例

（1）万象城 11 街区 4♯楼、连廊及地下车库工程位于山东省烟台市莱山区，总建筑面积约 8×10^4 m²。烟建集团有限公司于 2014 年 9 月—2017 年 7 月期间采用 LED 灯技术施工，节能效果明显。

（2）万象城二区 2♯楼、3♯楼、4♯楼及地下车库工程位于山东省烟台市莱山区，建筑面积约 6×10^4 m²。烟建集团有限公司于 2015 年 12 月—2017 年 10 月期间采用 LED 灯技术施工，节能效果明显。

12.5 临时照明声光控技术

12.5.1 适用条件和范围

该技术适用于施工现场临时照明。

12.5.2　技术要点

　　声光控灯集声控、光控、延时自动控制技术为一体，内置声音感应元件和光效感应元件。当白天光线较强时，受光控自锁，有声响也不通电开灯；当傍晚环境光线变暗后，开关进入待机状态，遇有说话声、脚步声等声响时，会立即通电、亮灯，延时半分钟后自动断电。楼梯间照明可采用声光控，见图12-9。

图 12-9　楼梯间照明采用声光控

12.5.3　施工要求

　　（1）采用36 V以下低压线路，每条回路中的一根作为相线，另一根作为工作零线，输出端设短路保护短路器或熔断器。由于是36 V低压配电，考虑到变压器油产生故障的概率，不设置地线，因为一旦变压器故障，会使地线带上380 V电压，容易对人身体造成致命的伤害。

　　（2）提前进行合理线路布设，照明线路可用瓷瓶架线敷设，或采用难燃线管敷设。敷设在走廊楼梯间等部位的电线管路可利用正式电的管路敷设电线，可减少能源消耗，达到绿色节能施工的效果。

　　技术应用依据：《施工现场临时用电安全技术规范》JGJ 46。

12.5.4 实施效果

该技术具有较好的节能效果，白光 LED 的能耗仅为白炽灯的 1/10、节能灯的 1/4，并且其智能化控制能够大幅度缩短亮灯时间，与白炽灯相比能延长灯泡寿命 6 倍以上，节电率达 90％。此外，该技术绿色环保，不含铅、汞等污染元素，对环境没有任何污染。

12.5.5 工程案例

（1）林语·逸景二期工程位于山东省烟台市开发区黄山路西、淮河路北，总建筑面积70996.13 m²。烟建集团有限公司于 2014 年 11 月—2016 年 5 月期间采用临时照明声光控技术施工，节能效果明显。

（2）烟台开发区 A-45 小区（一期）工程位于山东省烟台市开发区，总建筑面积314518.68 m²，由 15 栋住宅楼和 1♯、2♯ 地下车库组成。烟建集团有限公司于 2015 年 1 月—2016 年 6 月期间采用临时照明声光控技术施工，节能效果明显。

12.6 生活办公区智能限电技术

12.6.1 适用条件和范围

该技术适用于施工现场生活区、办公区临时用电。

12.6.2 技术要点

生活区智能限电集成系统内，配电箱内采用时控开关，插座回路采用智能限电器，在控制每个插座回路总功率的前提下对每个电源插座进行功率控制，禁止大功率电器的使用，既节能又保证用电的安全。现场时控开关、智能限电器见图 12-10。

图 12-10　现场时控开关、智能限电器

正常上班时间情况下，时控开关自动关闭输出，接触器 KA2 辅助线圈无电流，主触头处于常闭状态，36 V 照明变压器处于正常供电状态。反之，下班时，时控开关自动打开，照明回路供电中断。在使用过程中，如时控开关故障，接触器 KA2 辅助线圈无电流，主触头还是处于常闭通电状态，照明回路正常供电，不影响现场的正常施工。如在中午或晚上需要加班，通过遥控器的输出 2 端口，进行通、断操作来控制，输出 2 开启，遥控接收模块输出 220 V 电压来控制接触器 KA3 的辅助线圈，让接触器 KA3 的主触头 KM3 关闭，照明回路正常供电，提供施工现场的照明用电。在节假日期间或停工期间，施工现场供电可以关闭，通过遥控器的输出 1 端口，进行通、断操作来控制，输出 1 开启，遥控接收模块输出 220 V 电压来控制接触器 KA1 的辅助线圈，让接触器 KA1 的主触头 KM1 打开，照明回路停止供电。配电箱输出端为 220 V，下端接 36 V 变压器，既可用于 36 V 照明，也可适用于 220 V 照明。

12.6.3　施工要求

（1）时钟控制器及遥控接收模块等电气设备，应符合《施工现场临时用电安全技术规范》JGJ 46 和《建筑照明设计标准》GB 50034 等国家现行相关标准和应用技术规程的规定。配电箱内所有元器件均采用国产优质中档及以上产品。

（2）配电箱生产标准按照国家规范要求，内外板颜色为橘黄色，设隔离门。外壳设应急停止按钮，箱门增设安全锁。箱内必须设置时钟控制系统，通过该系统来对整个配电箱用电时间进行管理，工人上班时宿舍内全部切除电源。箱内设置 36 V 安全用电系统，对宿舍提供 36 V 安全照明电压及其他低压用电，宿舍内严禁采用白炽灯照明。所有宿舍内用电设备回路（如电源插座、空调、电暖气等回路）均接入智能限电模块，电源回路功率设置参数为 150～200 W，其他用电设备回路参数根据设备功率设定，所有设备接线处必须在接线盒内进行并有私自防拆措施，如用电设备在室外接线并能可控的可除外。宿舍内设电源插座应远离床铺。如采用手机低压充电插座，充电插座需远离床铺，必须对该回路进行有效限流。所有配电箱内的控制开关、漏电保护器等要按照规范设计，参数与设计线路的负荷相匹配，严禁私自增大开关载流量。

12.6.4 实施效果

该技术解决了用电浪费的问题，达到了绿色环保、节约电能的目的；提高了人性化管理水平，进行遥控操作，在办公区就能进行远距离控制。

12.6.5 工程案例

济南高新区新建辛庄安置区一期（南区）工程位于山东省济南市高新区孙村办事处，东临巨野河，南临世纪大道，西靠孙村中学。南边长约500 m，北边长约260 m，南北长约540 m。该工程总建筑面积约 4.327×10^5 m²，其中，地上面积约 3.034×10^5 m²，地下面积约1.293×10^5 m²。本工程共由51个单体建筑组成，其中，A 区有 23 栋小高层住宅（地上 11 层、地下 1 层）；B 区有 18 栋高层住宅（3 栋地上 27 层，地下 2 层；15 栋地上 18 层，地下 2 层）；地下二层车库 4 座；公建 6 座，包含综合服务楼、幼儿园、文化活动站、服务站、村委管理楼、卫生站。中国建筑第八工程局有限公司于 2013 年 12 月—2016 年 12 月采用生活办公区智能限电技术施工，节电效果明显。

13 工程应用

13.1 汉峪金融商务中心 A5-3♯楼及附属设施工程

13.1.1 工程概况

本案例提供单位：中建八局第一建设有限公司。

汉峪金融商务中心 A5-3♯楼及附属设施工程为 2016 年度山东省绿色施工科技示范工程创建项目，位于山东省济南市东部汉峪金谷核心商务区（见图 13-1）。A5-3♯楼是汉峪金谷地标，是山东省首个结构高度突破 300 m 的超高层，建筑总高度 339 m，建筑总面积 25.38 万 m²，地下室为车库及服务用房，地上共 74 层，1～2 层为办公及酒店大堂，3～50 层为高端办公楼，51～69 层为五星级酒店，69～74 层为机房与设备用房。项目建设单位为济南高新控股集团有限公司，施工总承包单位为中建八局第一建设有限公司。

图 13-1 工程效果图

13.1.2 绿色施工技术应用与创新

13.1.2.1 绿色施工技术应用

（1）绿色施工在线监控技术：采用噪声、扬尘监测系统（见图 13-2）对场界内的噪声值、细颗粒物、温度、湿度和风力进行监测，实时关注施工环境作业条件。

图 13-2 噪声、扬尘监测系统

（2）远程监控管理技术：采用 BIM 动态化管理及无人机远程监控技术（见图 13-3）对施工现场平面布置优化，最大限度地为物资加工、道路运输、构件吊装等提供有利条件。

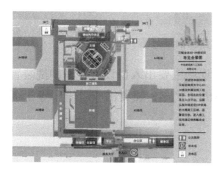 

（a）动态化管理　　　　　　　　　（b）无人机远程监控

图 13-3 远程监控管理技术

（3）建筑信息模型技术：运用 BIM 工具，对钢结构、砌体和钢筋进行深化和优化设计（见图 13-4），在钢结构自动排版下料切割、砌块批量化切割和钢筋优化方面的应用，节约了材料和能源。

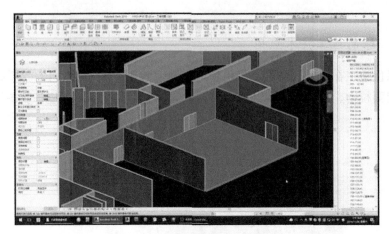

图 13-4　BIM 工具实现深化设计

　　（4）拼装式钢板临时路面技术：现场采用可周转钢板道路设备和可周转钢平台（见图 13-5），外形美观、强度高、周转次数多、损耗率低、铺设快捷、节约成本、易清扫。

图 13-5　钢板道路和钢平台

　　（5）施工车辆出场自动清洗技术：在施工现场主要出入口设置车辆冲洗装置（见图 13-6），对进出现场的包括混凝土罐车、挖掘机、铲车、物资供应运输车等车辆进行冲洗，洗车用水循环利用。

图 13-6 车辆自动清洗系统

（6）成品隔油池、化粪池、泥浆池、沉淀池应用技术：办公区厕所及厨房废水均采用成品化粪池（见图 13-7）收集，厨房设置隔油池。

图 13-7 成品化粪池

（7）临时设施定型标准化技术：现场围栏、板房等临时设施采用标准化、工具化、定型化产品（见图 13-8），按照一定模数生产，可多次周转使用。

（a）钢板可周转围挡

（b）箱式板房

图 13-8 临时设施定型标准化技术

（8）安全防护定型标准化技术：安全防护设施标准化、工具化、定型化（见图
13－9），按照一定模数生产，快易拆装、高强整洁、可多次周转使用。

图 13－9　定型化护栏

（9）现场绿化综合技术（见图 13－10）：利用多孔广场砖、透水砖铺设办公及生活
区地面，种植草皮，美化环境。

图 13－10　现场绿化

（10）现场降尘综合技术（见图 13－11）：综合采用楼层喷雾降尘、围挡喷淋降尘、
高压雾炮降尘技术及道路洒水车，有效地湿润场地、治理扬尘。

（a）楼层喷雾降尘系统　　　　　　　（b）围挡喷雾降尘系统

（c）高压雾炮　　　　　　　　　　（d）道路洒水车

图 13-11　现场降尘综合技术

（11）可再生能源综合利用技术：场内道路照明采用太阳能路灯（见图 13-12），把太阳能转化为电能。

图 13-12　太阳能路灯

（12）LED 灯应用技术（见图 13-13）：施工现场塔吊等设备采用 LED 灯带，生活区、生产区临时照明采用具有高效、省电、寿命长、无辐射、节能、环保、冷发光等特点的 LED 灯。

(a) 塔吊 LED 灯带

(b) LED 照明

图 13-13　LED 灯应用技术

13.1.2.2　新技术应用情况

（1）免泵送混凝土浇筑技术：以溜管代替传统的混凝土泵送的方法（见图 13-14），无噪音、无污染、高速度、高品质，可实现全范围布料、小角度溜混凝土，首次实现了混凝土的完全免泵送。结合地面卸料的方法，加快了混凝土施工速度。

图 13-14　现场浇筑图

（2）超高层动臂塔吊与爬模体系同面共段空中转换技术（见图 13-15）：将传统的基础阶段开始使用动臂塔吊转变为"基础固定臂＋主体动臂"，组织固定臂、动臂转换工作、爬模安装和结构施工进行有序穿插，使塔吊转换不影响爬模安装，让两项工作在共同的工作面、同一施工期间互不影响。

图 13-15　超高层动臂塔吊与爬模体系同面共段空中转换技术

（3）液压爬模模块化装配技术（见图 13-16）：在工场进行模块化组装，在施工现场进行模块化安装，加快了施工速度，可实现近似零场地拼装。

图 13-16　液压爬模模块化装配技术

（4）超高层动臂塔吊承力机构自提升技术（见图 13-17）：超高层动臂塔吊承力机构自提升技术可以实现爬升构件的自提升，解放另一台塔吊，提升吊装效率，降低爬升能耗。

图 13-17　超高层动臂塔吊承力机构自提升技术

（5）液固一体自消能超高层封闭式垃圾通道（见图 13-18）：垃圾通道为固体垃圾和液体垃圾设置了同一条输送路径，通过截止装置，在不同的楼层对固体和液体垃圾进行单独处理，避免了固体垃圾的粉尘污染和液体垃圾的飞溅，实现了垃圾的有组织排放。

图 13-18　液固一体自消能超高层封闭式垃圾通道

（6）新型铝模板施工技术（见图 13-19）：通过设计图纸在工厂完成预拼装后，核心筒内墙、楼梯间、局部小洞口现浇构件位置采用工具式铝合金模板。

图 13-19　新型铝模板施工技术

（7）钢筋精益化施工技术（见图 13-20）：通过 BIM 深化管理、钢筋翻样管理进行钢筋方案优化、材料进场及施工过程管控，同时结合数控加工技术，实现钢筋精益化施工。

图 13-20　钢筋精益化施工技术

（8）超高层核心筒剪力墙高强混凝土自动养护技术：喷雾系统集成在核心筒爬模上，随爬模爬升，通过定时可以实现无人养护（见图13-21），减少人力资源的浪费和水资源的消耗。

图13-21　喷雾系统自动喷雾养护

（9）箱式智慧型低能耗混凝土试块养护技术（见图13-22）：在集装箱基础上进行改造，集装箱外部保温、内部防水，养护采用循环水系统，湿度控制采用喷雾，冬季采用太阳能对养护用水加热，降低能耗。在养护室内安装了温度、湿度监控装置，可通过互联网直接上传温湿度数据和图像。

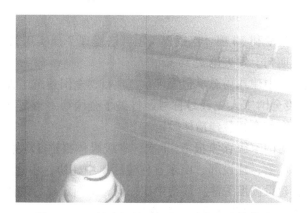

图13-22　箱式智慧型低能耗混凝土试块养护

（10）超高层砌体装配化施工技术：通过BIM排版后形成料单，根据料单在地下车库进行非整砖的切割，然后打包运输至作业面（见图13-23）。

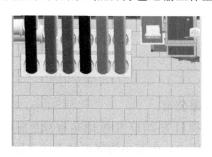

（a）BIM排版　　　　　　　　　　（b）现场装配化施工

图13-23　BIM排版及现场砌体装配化施工

（11）智慧建造综合集成技术（见图13-24）：建立项目智慧建造平台，智慧平台涵盖绿色施工模块：通过增加悬浮颗粒物监测仪的芯片感应信号装置控制自动喷淋的电力开关，实现大气环境和自动喷淋装置的双向结合，从而达到实时降尘作业，改善环境；增加空气湿度，起到防暑降温的目的。除自动控制外，可以通过远程无线遥控喷淋。

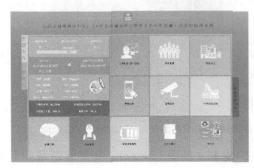

图 13-24　智慧建造综合集成技术

13.1.3　效果分析

（1）项目部已申报专利 33 项，已授权 1 项，已受理 7 项实用新型专利和 2 项软件著作权。已在国家级期刊上发表论文 16 篇。

（2）项目部被评为中建八局总承包管理示范项目、全国建筑工人信息管理平台试点项目，荣获 2017 年度全国工人先锋号称号，打破了全国第一混凝土浇筑速度新纪录，建设了国内领先、山东首个智慧建造体验馆。

（3）项目部共获得国家级媒体报道 11 次、省级媒体报道 17 次、市级媒体报道 22 次、公司平台报道 107 篇；建设部、山东省住建厅、中建协、中建总公司、省直机关、市、区等领导对项目建设高度关注；接待中建三局、山西二建、陕西建工、山东天齐等企业和公司内部共 1866 人次莅临项目参观交流。

13.2　济南市吴家堡片区城中村改造安置房一期项目

13.2.1　工程概况

本案例提供单位：中国建筑第八工程局有限公司。

济南市吴家堡片区城中村改造安置房一期项目为 2017 年度山东省绿色施工科技示范工程创建项目，位于济南市槐荫区吴家堡片区内，南起小清河，北至济齐路，西至齐鲁大道，被列为 2017 年度市级重点建设项目，工程效果图见图 13-25。工程为 EPC 工程总承包模式，项目建设用地面积约 12.86 万 m²，总建筑面积 50.83 万 m²，包括 17 栋高层住宅、配套公建及地下车库，总工期为 911 日历天。平均装配率为 31.18%，海绵城市年径流总量控制率不低于 80%。项目建设单位为济南市槐荫区人民政府吴家堡街道办事处，施工总承包单位为中国建筑第八工程局有限公司。

图 13－25　工程效果图

13.2.2　技术创新与应用

（1）铝合金模板施工技术：应用预制叠合板，楼层配模时顶板不需满配，只需保证架体的稳定性和承载能力即可。项目在铝模板深化设计时，叠合板底部采用了镂空设计（见图 13－26），达到了节约材料的目的。

图 13－26　铝模板镂空设计

（2）绿色施工在线监控技术（见图 13－27）：项目北侧出入口及中间出入口设置了两处扬尘在线监测系统，监测数据包含温度、湿度、风速、PM2.5、PM10 及噪音大小等。

图 13-27 在线监测系统

(3) 拼装式钢板临时路面技术（见图 13-28）：工程采用了拼装式钢板临时路面技术，施工道路铺设了 25 mm 厚的钢板。钢板路面强度高，可周转使用次数多，损耗率低，铺设快捷。

图 13-28 拼装式钢板临时路面

(4) 施工车辆出场自动清洗技术（见图 13-29）：在工地主要出入口处设置 2 台节水型洗车台，工地进出车辆冲洗用水通过三级沉淀后可二次使用。

图 13-29　进出车辆自动清洗

（5）封闭管道建筑垃圾垂直运输及分类收集技术（见图 13-30）：17 个单体全部设置垃圾通道从屋面层到地下二层，保证施工全过程无垃圾直接外抛情况发生，既做到了减少施工投入，又起到了保护环境、文明施工的效果。

图 13-30　封闭垃圾通道

（6）临时设施定型标准化技术（见图 13-31）：临时设施标准化、工具化、定型化，按照一定模数生产，可多次周转使用。

图 13-31　定型化围挡

（7）安全防护定型标准化技术（见图 13-32）：安全通道、加工棚、防护棚等安全设施标准化。各部件在加工场加工完成后到现场直接组装即可，施工效率高，劳动成本和劳动强度低。

（a）安全通道

（b）钢筋加工棚

（c）临边防护

（d）基坑坡顶围栏

图 13-32　安全防护定型标准化

（8）现场绿化综合技术（见图 13-33）：项目在通往现场的主入口按建筑永久绿化的要求安排了场地新建绿化小品，并对施工各阶段裸土进行了 100％覆盖或绿化。

（a）新建绿化小品

（b）裸土覆盖

图 13-33　现场绿化综合

（9）现场降尘综合技术（见图 13-34）：设置道路两侧、基坑四周、楼层、塔吊等低中高三级喷淋系统，并购置洒水车、移动雾炮、扫地机等移动降尘设备，确保全方位、无死角地进行扬尘控制。

（a）楼层喷淋 （b）塔吊喷淋

（c）道路喷淋 （d）场地喷淋

（e）雾炮喷淋 （f）道路洒水

图 13-34 现场降尘综合技术

（10）建筑垃圾减量化与资源化利用技术：施工全过程建筑垃圾分类收集，并重新利用，使用废旧模板用于现场安全防护设施、成品保护，如图 13-35 所示。

（a）预制楼梯成品保护　　　　　（b）柱阳角保护

图 13—35　建筑垃圾减量化与资源化利用

（11）非传统水源回收与利用技术：设置雨水收集系统将办公区等处雨水引排至泵房处集水坑。收集的雨水经三级沉淀后，可用于施工道路喷淋及洗车台。在保证基坑回灌用水的前提下，设置水箱和变频水泵（见图 13—36），现场施工及消防用水全面利用基坑降水。

（a）收集水箱　　　　　　　（b）变频水泵

图 13—36　基坑降水收集系统

（12）可再生能源综合利用技术：场内道路照明设置太阳能路灯及风光互补太阳能路灯，配备 4 台空气源热泵机组，以满足 320 间工人宿舍的夏天制冷、冬天制热等要求，如图 13—37 所示。

（a）太阳能和风光互补
太阳能路灯

（b）空气源热泵

图 13-37　可再生能源综合利用

（13）LED 灯应用技术：现场塔吊和临设照明利用超高亮 LED 灯具作为光源，无污染、无噪音、无辐射，节能环保，如图 13-38 所示。

（a）塔吊 LED 灯带

（b）生活区 LED 照明

（c）施工区 LED 照明

图 13-38　LED 灯带和照明

（14）生活办公区智能限电技术：生活办公区采用时控开关智能限电器、低压照明、USB 插座充电等技术（见图 13-39），对每个电源插座进行功率控制，禁止大功率电器的使用，既节能，又保证用电的安全。

（a）时控开关

（b）USB 插座充电

图 13-39　生活办公区智能限电

（15）外墙一体化保温板施工技术：采用外墙一体化保温，该材料取代外墙模板和混凝土一块施工，节省外墙模板的投入；同时，该材料外侧自带 25 mm 保温砂浆，可简化外墙施工工序，节省单独做外墙保温时间 60 天，如图 13-40 所示。

图 13-40　外墙一体化保温板

（16）外墙自保温砌块技术：外墙砌体采用多排孔蒸压砂加气自保温砌块，取消后做外墙保温，简化施工工序，如图 13-41 所示。

图 13-41　外墙自保温砌块

（17）装配式构件应用技术：采用预制楼梯、预制叠合板、预制空调板、预制女儿墙等四种装配式构部件，如图 13-42 所示。通过工厂化制作、流水作业、精准控制、集中蒸养，减少混凝土消耗，降低养护用水量。

图 13-42　装配式构件应用

（18）塑料模板施工技术：车库及非标准层采用塑料模板。塑料模板和木模板施工性能一致，但塑料模板可实现100％回收，降低材料损耗，具有周转次数多、安装施工速度快、拆模简单、倒模效率高、混凝土成型平整光洁、表面质量好、回收简便等特点。

（19）附着式升降脚手架技术：项目17栋主楼全部采用附着式升降脚手架（见图13-43），依靠自身的升降设备和装置，可随工程结构逐层爬升或下降，脚手架用量少、升降速度快、安全防护好。

图13-43 附着式脚手架

（20）永临结合技术（如图13-44所示）：临时道路顶标高与后期小区内道路垫层顶标高一致，以免工程完工后需破除原临时道路再进行市政道路施工，避免了材料机械浪费，减少了建筑垃圾；临时消防设施采用正式管道施工，减少了项目耗材。

（a）施工道路永临结合　　　　　　（b）消防管线永临结合

图13-44 永临结合技术

13.2.3 效果分析

济南市吴家堡片区城中村改造安置房一期项目作为济南市首个工程总承包（EPC）安置房项目，从开工就受到了政府主管部门和社会各界的高度关注。尤其是在2017年11月23日"全国住宅工程质量常见问题专项治理现场会"召开以后，一周内连续迎接了包含住建部、省、市等各级政府主管部门、协会、企业等单位的观摩团 9000 余人，极大提高了项目的社会关注度，提升了企业美誉度。中央人民广播电台、人民网、新华网等多家媒体对本工程做了连续报道。

13.3 东方星城·塾香园

13.3.1 工程概况

本案例提供单位：山东天齐置业集团股份有限公司。

东方星城·塾香园 10♯、11♯、12♯住宅楼，16♯商业楼，地下车库 B 区工程为 2018 年度（第三批）山东省绿色施工科技示范工程创建项目，位于淄博市张店区体育场街道乔庄村北，联通路以南，东二路以东，东四路以西，建筑面积58814.18 m²，10♯、11♯、12♯楼为筏板基础、剪力墙结构，16♯楼商业及地下车库 B 区为框架结构，工程效果如图 13-45 所示。项目建设单位为淄博东方星城置业有限公司，施工总承包单位为山东天齐置业集团股份有限公司。

图 13-45 工程效果图

13.3.2 绿色施工技术应用与创新

13.3.2.1 绿色施工新技术应用

（1）绿色施工在线监控技术：现场设置环保监测仪（见图 13-46），实现对噪声、扬尘等数据的自动采集，进行实时监控。

（a）环保监控管理系统　　　　　　　　　（b）噪声测量仪

图 13－46　在线监控

（2）建筑信息模型技术（见图 13－47）：应用 BIM 技术对临时设施、运输道路、材料堆放场地、设备设施等施工平面组织进行优化；在结构模型中对塔吊附着进行三维布置，调整碰撞位置；建立机电模型，包括室内给水、排水，供暖给水、回水，消防灭火系统、喷淋系统、电缆桥架及通风系统等；通过实时漫游进行碰撞检查。利用 BIM 技术可视化特点，施工前需对工程重大危险源进行排查。

（a）平面布置模拟　　　　　　　　　　（b）塔吊的三维布置

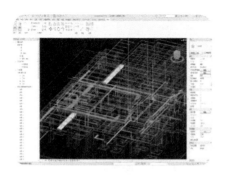 

（c）机电模型　　　　　　　　　　　（d）实时漫游

图 13－47　建筑信息模型技术

（e）管线碰撞建模 　　　　　（f）可视化危险源排查

图 13—47（续）

（3）变频施工设备应用技术（见图 13—48）：选用逆变式电焊机和能耗低、效率高的手持电动工具等，对进场施工用电焊机，加装空载保护装置，并定期检查确保完好，杜绝浪费现象。

（a）变频施工塔吊 　　　　　（b）逆变式电焊机

图 13—48　变频施工设备

（4）拼装式钢板临时路面技术（见图 13—49）：采用拼装式钢板或钢板路基箱铺装施工临时施工道路，替代传统的现浇式混凝土路面。

图 13—49　拼装式钢板临时路面

（5）施工车辆出场自动清洗技术：施工现场出入口设洗车台（见图13-50），对进出车辆进行冲洗清洁。

图 13-50 洗车台进出车辆冲洗

（6）成品隔油池、化粪池、泥浆池、沉淀池应用技术：施工现场厨房设置成品隔油池（见图13-51），并定期清理。

图 13-51 成品隔油池

（7）封闭管道建筑垃圾垂直运输及分类收集技术：本工程主体结构为高层建筑，楼内产生的建筑垃圾禁止高空抛落，高空垃圾清运采用封闭式垃圾通道垂直运输（见图13-52）。

图 13-52　封闭式垃圾通道

（8）临时设施定型标准化技术（见图 13-53）：现场临建设施需符合定型化、工具化、标准化要求，临建设施采用岩棉活动板房和集装箱等可拆迁、可回收材料。

图 13-53　工具化的防护棚与现场办公室

（9）安全防护定型标准化技术：临时设施、安全防护设施标准化、工具化、定型化（见图 13-54），按照一定模数生产，可多次周转使用。

（a）边坡定型化防护栏杆　　　　　（b）临边防护定型化

图 13-54　安全防护定型标准化

（10）现场绿化综合技术（见图13-55）：现场直接裸露土体表面进行绿化，集中堆放的土方采取防尘密目网进行覆盖。

（a）现场绿化　　　　　　　　　　　　　（b）裸露土绿网覆盖

图13-55　现场绿化

（11）现场降尘综合技术（见图13-56）：现场建立洒水清扫制度，配备降尘炮、洒水车等设备，专人负责，降低施工现场及道路扬尘。在板房、道路两边和塔吊前臂设置喷雾设备与PM10扬尘检测仪组成联动系统，对整个施工现场进行高效的扬尘治理。

（a）降尘炮　　　　　　　　　　　　　（b）办公区喷雾

（c）塔吊喷雾　　　　　　　　　　　　　（d）洒水车洒水

图13-56　现场降尘综合

（12）垃圾密闭运输车应用技术：对运送土方、渣土、垃圾及易散落、飞扬、流漏的建筑材料的车辆，应采取封闭或遮盖措施（见图13-57）。

图 13-57　封闭运土车

（13）建筑垃圾减量化与资源化利用技术（见图 13-58）：钢筋的余料主要用于马镫加工、水沟篦子等，废旧木方做接长处理。

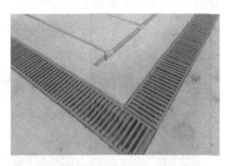

（a）钢筋余料制作下水道篦子

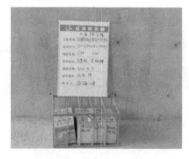

（b）钢筋余料制作试块笼

（c）废钢筋制作马道

（d）木方接长使用

图 13-58　建筑垃圾减量化与资源化利用

（14）非传统水源回收与利用技术（见图 13-59）：建立雨水收集系统，设置多个雨水收集池、沉淀池、蓄水池，雨水通过现场排水沟流入沉淀池，经处理后进入蓄水池，蓄水池设有抽水泵将经过处理的雨水抽送浇花草、冲洗厕所、道路降尘。

（a）雨水收集池

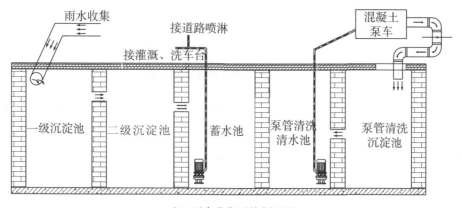

（b）雨水收集系统剖面图

图 13-59　非传统水源回收与利用技术

（15）可再生能源综合利用技术（见图 13-60）：浴室采用太阳能热水器，道路照明采用太阳能路灯节约用电。

（a）太阳能热水器　　　　　　　　（b）太阳能路灯

图 13-60　可再生能源利用

13.3.2.2　新技术应用情况

（1）混凝土布料机软管口封堵装置（见图 13-61）：该装置由废旧泵管端部构件、废旧钢筋、螺栓焊接组装而成。通过钢板截止阀的开关，控制泵管中混凝土的卸料，易于取材、开闭方便，可有效防止泵管内的混凝土洒落在尚未施工的板面上，保持未施工板面的整洁，减少混凝土废料的产生。

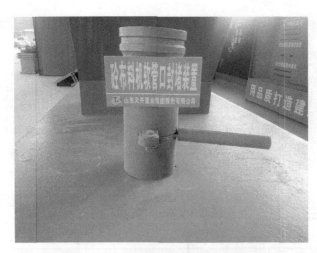

图 13-61　混凝土布料机软管口封堵

（2）砌体切割模具装置（见图 13-62）：本工程使用该砌体模具，统一了马牙槎倒角的大小和角度，并且通过在模具上加装刻度尺，工人在切割砌块时省去了每次用米尺量的步骤，提高了效率。

图 13-62　砌体切割模具

（3）新型墙、柱模板钢背楞支撑体系施工技术（见图 13-63）：新型墙柱模板钢背楞支撑体系是通过卡口、阴阳角、套接接头、插销等细节设计，改进传统钢背楞搭接方式、阴阳角固定方式及端部固定方式，具有连接方便、操作简易、轻质易搬动等优点。

图 13-63　新型墙、柱模板钢背楞支撑体系施工技术

13.3.3　效果分析

（1）实施绿色施工的累积节约成本为 23.4 万元。

（2）本项目通过绿色施工的实施，促进了项目管理制度的规范化，加强了项目团队的建设，同时在科技创新、施工质量、安全文明方面取得了长足的进步。

13.4　济南市轨道交通 R1 号线试验段土建工程

13.4.1　工程概况

本案例提供单位：中建八局第二建设有限公司。

济南市轨道交通 R1 号线试验段土建工程为 2015 年度山东省绿色施工科技示范工程创建项目，南起长清区池东，沿丹桂路向东敷设，在丹桂路与海棠路路口转向北，经创新谷至园博园（见图 13-64），包括三站两区间，分别为池东站、前大彦站、园博园站、池东站前折返段（TY1-TY13）和池东-前大彦区间（AY1-AY68）、前大彦-园博园区间（BY1-BY101），总长 5.27 km，车站总建筑面积 26272.5 m²。

池东站为路侧地面三层岛式车站，首层布置车站变电所、消防泵房、便民服务网点，二层为车站站厅层，三层为车站站台层。前大彦站为路中三层鱼腹岛式车站，地下一层为消防水池和消防泵房；地面层主要布置变电所，地上二层为站厅层和主要设备与管理用房，地上三层为站台层。园博园站为高架三层鱼腹岛式车站，地下一层为电缆夹层和消防泵房，地上一层为变电所，地上二层为站厅层，地上三层为站台板下层，地上四层为站台层。

该项目"点多、线长、面广"，沿线跨区域多，管线改迁、交通疏解、综合协调难度大，鱼腹式结构清水混凝土、预制U型梁等绿色施工技术难度大。项目建设单位为济南市轨道交通集团有限公司，施工总承包单位为中建八局第二建设有限公司。

图 13-64　工程概况图

13.4.2　技术创新与应用

13.4.2.1　绿色施工技术应用

（1）复合土钉墙支护技术（见图 13-65）：施工方便、应用灵活、适用性强、经济合理，可超前支护。

图 13-65　复合土钉墙支护技术

（2）旋挖钻干作业成孔施工技术：采用旋挖钻机进行干作业成孔施工（见图13－66），通过钻头旋转挤压孔壁达到护壁效果，无泥浆，施工现场干净、文明。

图13－66　**旋挖钻干作业成孔**

（3）高强钢筋应用技术：推广应用高强钢筋（见图13－67），有效减少钢筋用量，具有很好的节材作用。

图13－67　**高强钢筋**

（4）全自动数控钢筋加工技术：微电脑控制，配备完善的液压系统，全自动运行，完成钢筋调直、切断、弯钩和弯箍等自动化加工，加工精准，效率高，运行平稳，高效适用，操作方便，如图13－68所示。

图 13-68　全自动数控钢筋加工

（5）清水混凝土施工技术：普通清水混凝土一次浇注成型，免抹灰（见图 13-69）。

图 13-69　清水混凝土应用

（6）铝合金模板（见图 13-70）施工技术：在现场运用标准、定位式的组装方式完成组模程序，并采用工具式早拆支撑体系，具有自重轻、强度高、加工精度高、单块幅面大、拼缝少、施工速度快、拆模简捷、倒模效率高、周转使用次数多、混凝土成型平整光洁、表面质量好等特点。

图 13-70　铝合金模板

（7）承插型盘扣式钢管脚手架（见图 13－71）技术：承插型盘扣式钢管支架是由立杆、水平杆、斜杆、顶托、托座等通过一定的连接方式形成的几何不变支撑体系，立杆采用套管或插管连接，水平杆和斜杆通过杆端扣接头卡入连接盘，用楔形插销连接，立杆顶部插入可调托撑用于支撑上部荷载，底部插入可调底座将荷载传递于基础，具有安全可靠、搭拆快、易检查、易管理、综合成本低、适用面广等特点。

图 13－71　承插型盘扣式钢管脚手架

（8）绿色施工在线监控技术：由数据采集器、传感器、视频监控系统、无线传输系统、后台处理系统及信息监控平台组成绿色施工在线监控系统（见图 13－72），实现了对用电、用水、噪声、扬尘等数据的自动采集，并对环境 PM2.5 与 PM10、温度、湿度、风速、风向等实时监测。通过对数据进行统计分析，当超标时发出预警信号，促进项目精细化管理。

图 13－72　绿色施工在线监控

（9）建筑信息模型技术：运用 BIM 技术，建立工程全专业模型（见图 13－73），用于图纸会审、场地布置、机电管线布设、过程模拟控制、细部设计优化、进度管理、材料管理、成本管理、质量管理与工程验收等全过程。

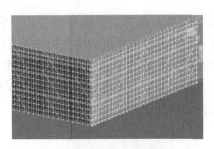 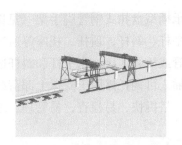

（a）技术交底三维视图　　　　　　（b）施工模拟

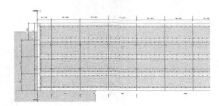

（c）下料加工

图 13-73　建筑信息模型技术应用

（10）施工车辆出场自动清洗技术：在工地主要出入口设置自动洗车台（见图 13-74），对出场施工车辆进行冲洗，洗车用水可循环利用。

图 13-74　自动洗车台

（11）油烟净化技术：将厨房内的高温油烟通过集烟罩、通风管道、风机、净化器、消声器、出风口等进行净化处理后排放，如图 13-75 所示。

图 13-75 油烟净化系统

（12）临时设施与安全防护定型标准化技术：临时设施、安全防护设施标准化、工具化、定型化（见图 13-76），按照一定模数生产，可多次周转使用。

（a）可移动隔离围挡　　　（b）定型化围挡　　　（c）定型化安全通道

图 13-76 定型化

（13）现场绿化综合技术：利用施工余料自制可移动式盆栽绿化移动架（见图 13-77），节约材料、美化环境。

图 13-77 移动式盆栽绿化移动架

（14）现场降尘综合技术：现场沿需喷淋降尘的区域周边设置喷淋管线及雾炮等（见图 13-78），实现定时喷雾降尘。

图 13—78　自动喷淋系统

（15）降噪隔音棚应用技术：施工现场木工等加工棚内安装吸声降噪设备或材料，有效封闭、降低场内噪声（见图 13—79）。

图 13—79　降噪隔音木工棚

（16）建筑垃圾减量化与资源化利用技术：施工全过程建筑垃圾分类收集，并重新利用，如图 13—80 所示。

（a）混凝土余料　　　　　　（b）钢筋废料池

图 13—80　建筑垃圾减量化与资源化

（c）钢筋余料利用　　　　　　　　（d）木材余料利用

图 13-80（续）

（17）可再生能源综合利用技术：现场使用太阳能信号灯（见图 13-81），有效利用可再生能源。

图 13-81　太阳能信号灯

（18）LED 灯应用技术：办公区全部使用 LED 灯（见图 13-82），节约能源。

图 13-82　LED 灯应用

13.4.2.2 新技术应用情况

（1）盖梁双抱箍支撑系统施工技术：双抱箍法是利用在墩柱上适当部位安装抱箍并使之与墩柱夹紧产生最大静摩擦力，来克服临时设施及盖梁的重量的方法（见图 13-83）。该技术克服了预埋型钢或者后穿型钢对墩柱质量的影响，盖梁施工质量高、周期短；采用螺栓连接两半抱箍，不需要设置砂筒，施工效率高；对于同截面尺寸的墩柱盖梁，可重复周转使用，工程成本低。

图 13-83　盖梁双抱箍支撑系统

（2）组合式移动操作架应用技术：利用工字钢焊接底平台，平台四角安装固定轮或万向轮；在底平台中间位置焊接方管芯柱，在预定搭设架体位置焊接钢筋用以固定脚手架，芯柱焊接完成后在底平台上搭设操作架；操作架搭设完成后，可通过钢丝绳将其迁移到既定位置，如图 13-84 所示。其特别适用于地铁高架段盖梁施工需进行架体二次搭设的情况。

图 13-84　组合式移动操作架

（3）预制 U 型梁安装施工技术：根据 U 型梁自身特点及施工环境，设置提梁点，采用大跨度门式起重机架梁、架桥机架梁以及大型汽车吊架梁，如图 13-85 所示。

（a） （b）

（c） （d）

图 13-85 预制 U 型梁安装施工

（4）运梁车轨道加固优化技术：原设计运梁轨道固定在预埋于 U 型梁底板的钢板上，费用高、U 型梁制作困难。经优化之后，采用方管与预埋筋直接焊接进行轨道加固，施工方便，且更有利于轨道平整度控制，减少投入，如图 13-86 所示。

图 13-86 运梁车轨道加固

（5）极小曲线 U 梁架设技术：通过对架桥机主梁、支腿和运梁车进行优化调整，架桥机主梁长度由原来的70 m缩减为50 m，架桥机主梁中心距由原来的8 m调整为9 m，实现了极小曲线 U 型梁架设施工（见图 13-87），避免了因采用起重机架梁而需拆除围墙、树木、路灯等对周边环境的影响，节约成本，施工效率高。

图 13-87　极小曲线 U 梁架设

（6）围挡清洗技术：自行研发围挡清洗车（见图 13-88），不仅减少了水的用量，且大大提高了施工效率。

图 13-88　围挡清洗车

13.4.3　效果分析

该项目在绿色施工过程中通过技术创新与应用，在环境保护、资源节约方面取得了良好效果，取得了 4 项 QC 成果、3 项省级施工工法、11 件授权专利，参编地方标准 3 部，节约工期 100 余天，节约成本 590.39 余万元，深受建设单位及社会好评。仅 2017 年，召开现场观摩会 36 次，省、市电视台、报纸、大众网、齐鲁网等各大新闻媒体多次现场报道，树立了良好的企业形象，增强了企业的品牌影响力。

13.5　中国·红岛国际会议展览中心

13.5.1　工程概况

本案例提供单位：青建集团股份公司。

中国·红岛国际会议展览中心项目为 2018 年度第一批山东省绿色施工科技示范工

程创建项目，位于青岛市红岛经济区火炬路以南、青威路延长线以东，包括展馆及部分配套会议、酒店、办公和商业设施，总建筑面积约 4.88×10^5 m²，其中，地上建筑面积约 3.57×10^5 m²，地下建筑面积约 1.31×10^5 m²，如图 13－89 所示。项目建设单位为青岛国信红岛国际会议展览中心有限公司，施工总承包单位为青建集团股份公司。

图 13－89　工程效果图

13.5.2　技术创新与应用

（1）混凝土内支撑切割技术：本项目基坑混凝土内支撑采用绳锯机切割吊装拆除的方式（见图 13－90），操作简单，切割过程无振动、无飞石、无噪声、无扬尘污染，安全高效，有效缩短了拆撑时间并减小了施工扰动，对周围环境影响较小，安全文明施工形象较好。

（a）绳锯切割　　　　　　　　　　（b）汽车吊就位

图 13－90　混凝土内支撑切割

（2）全自动数控钢筋加工技术：微电脑控制，配备完善的液压系统，全自动运行，完成钢筋调直、切断、弯钩和弯箍等自动化加工，加工精准，效率高，运行平稳，高效适用，操作方便，如图 13－91 所示。

图13-91　全自动数控钢筋加工

（3）清水混凝土施工技术：工程外围连廊构件为高度超过23 m的高强饰面清水混凝土区域。通过混凝土配比确认、模板板材选择、加固形式、特殊部位节点做法、禅缝设计优化、细节部位的处理等技术措施，提升清水混凝土的成型与观感质量（见图13-92）。饰面清水混凝土的使用，在施工工艺上舍去了抹灰、涂料、装饰漆等工序中带来的化工产品的使用，同时高标准的质量要求，大大减少了剔凿修补、抹灰等工序可能产生的大量建筑垃圾，有利于环境的保护。

图13-92　清水混凝土

（4）自密实混凝土施工技术：通过外加剂、掺合料、骨料的选择与合理级配、精心的配合比设计，混凝土拌合物实现了高流动性与高填充性，减少了振捣，混凝土硬化后具有良好的力学性能和耐久性（见图13-93）。

图 13-93　自密实混凝土浇筑和施工后效果

（5）钢结构高空滑移安装（见图 13-94）技术：在建筑物一侧搭设拼装平台、二边铺设滑道，构件在拼装平台上组装后用牵引设备滑移至设计位置安装。施工时采用计算机控制，通过数据反馈和控制指令传递，可全自动实现同步动作、负载均衡、姿态矫正、应力控制、操作闭锁、过程显示和故障报警等多种功能。此滑移技术解决了本工程工期紧、无法高空直接吊装拼装的问题，拼装场地固定，避免了临时占用其他区域场地，保证了现场施工质量和施工安全。

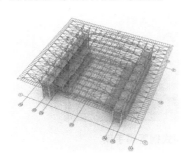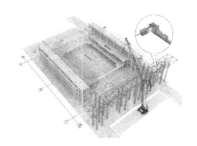

（a）钢结构桁架模型　　　　　　（b）支撑胎架布置

（c）钢结构滑移千斤顶　　　　　（d）钢结构滑移施工

图 13-94　钢结构高空滑移安装

(e) 钢结构滑移施工现场

图 13-94（续）

（6）承插型盘扣式钢管脚手架技术：本工程双层展厅层高15 m，其中 B3、B4、B5 展厅均采用了承插型盘扣式钢管支撑架（见图 13-95）。施工中不但可以加快施工进度，还可以减小劳动强度，既绿色环保，又节约成本，取得了良好的经济效益和社会效益。

图 13-95 承插型盘扣式钢管脚手架

（7）绿色施工在线监控技术：在施工现场设置扬尘在线监测系统（见图 13-96），可对温度、湿度、扬尘等进行实时监测。

图 13-96 扬尘在线监测系统

（8）远程监控管理技术：现场塔吊安装防碰撞监控设备（见图 13-97），对群塔交叉作业进行实时监控管理，对违规操作进行有效控制，及时实施预警、报警，确保群塔作业施工安全。

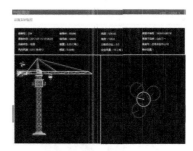

图 13-97　塔吊防碰撞监控设备

（9）建筑信息模型技术：将 BIM 技术应用于场地三维布置及道路模拟、节点可视化模拟、进度模拟、交通模拟、管线排布模拟等方面（见图 13-98）。

（a）场地三维布置及道路模拟

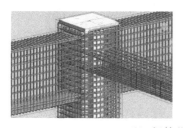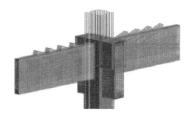

（b）钢筋节点可视化模拟

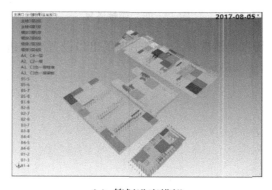

（c）策划进度模拟

图 13-98　建筑信息模型

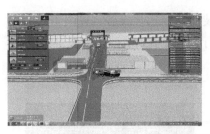

（d）交通模拟

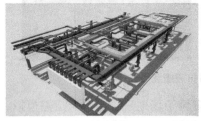

（e）管线排布模型

图 13-98（续）

（10）变频施工设备应用技术：在塔吊、施工电梯等设备供电系统上增加变频器（见图 13-99），把施工设备电源的固定频率变成需要的频率，使设备运行平稳，减少能耗，提高工效。

图 13-99 **变频塔吊**

（11）施工车辆出场自动清洗技术：施工现场出口设置洗车机（见图 13-100），对出场车辆进行清洗，避免污染场外道路。

图 13-100 洗车机

（12）成品隔油池应用技术：施工现场食堂设置成品隔油池（见图 13-101），并及时清理。

图 13-101 成品隔油池

（13）临时设施定型标准化技术：现场临建用房、移动式厕所等均为定型化、标准化产品（见图 13-102），可多次周转使用。

（a）多层轻钢活动板房　　　　　（b）移动式厕所

图 13-102 临时设施定型化标准化

（14）现场降尘绿化综合技术：现场对裸土进行覆盖，选择速生植物进行绿化，安排洒水车进行洒水（见图 13-103），美化环境、防止扬尘。

图 13-103　现场降尘绿化综合技术

（15）建筑垃圾减量化与资源化利用技术：将钢筋废料加工成马镫、灭火器吊钩等，用混凝土余料制作二次结构过梁等小型构件（见图 13-104）。

（a）钢筋废料利用

（b）混凝土余料利用

图 13-104　建筑垃圾减量化与资源化

（16）LED 灯应用技术：场区照明及办公区、生活区照明采用 LED 灯（见图 13-105）。

图 13-105　LED 灯

（17）可再生能源综合利用技术：采用太阳能＋蓄电池与传统电源一体化供电系统，在保证生活、办公正常需要的同时，充分利用太阳能（见图 13-106）。

图 13-106　太阳能路灯

（18）生活办公区智能限电技术：生活办公区采用时控开关智能限电器、低压照明、USB 插座充电等技术（见图 13-107），对每个电源插座进行功率控制，禁止大功率电器的使用，既节能又保证用电安全。

图 13-107　USB 插座充电

13.5.3　效果分析

该项目在绿色施工过程中通过技术创新与应用，在环境保护、资源节约方面取得了良好效果，取得了 3 项 QC 成果、9 项施工工法，申请专利 3 件，先后获得青岛市优质结构工程、山东省优质结构工程、青岛市标准化示范工地、山东省安全文明示范工地等荣誉，综合经济效益约 550.2 万元，深受建设单位及社会好评。

13.6　威海市文登中心医院病房大楼扩建主楼、附楼

13.6.1　工程概况

本案例提供单位：威海建设集团股份有限公司。

威海市文登中心医院病房大楼扩建主楼、附楼项目为2015年度山东省绿色施工科技示范工程创建项目，位于威海市文登区米山路北、文登中心医院院内，建筑面积101076.49 m²。其中，主楼地上17层、地下2层，采用筏板基础、框架－剪力墙结构，建筑面积67254 m²；附楼地上4层、地下2层，采用柱下独立基础及条形基础、框架结构，建筑面积33822.49 m²，如图13－108所示。项目建设单位为威海市中心医院，施工总承包单位为威海建设集团股份有限公司。

图13－108　工程概况图

13.6.2　技术创新与应用

13.6.2.1　绿色施工技术应用

（1）复合土钉墙支护技术：使用锚杆复合土钉墙进行支护（见图13－109），施工方便、应用灵活、适用性强、经济合理。

图13－109　复合土钉墙支护

（2）高强钢筋应用技术：采用HRB400高强度钢筋及直螺纹连接（见图13－110），有效减少钢筋用量，具有很好的节材作用。

（a）HRB400 高强钢筋 　　　　　　　　（b）钢筋直螺纹连接

图 13-110　高强钢筋应用

（3）钢筋集中加工配送技术：采用信息化、专业化、规模化、工厂化加工、以商品化配送的现代钢筋加工方式，提高钢筋加工效率，提高钢筋工程质量，节约钢筋用量（见图 13-111）。

图 13-111　钢筋集中加工配送

（4）喷涂养护剂混凝土养护技术：将养护剂喷涂在混凝土表面（见图 13-112），可迅速形成一层无色、不透水的薄膜，阻止混凝土中的水分蒸发，减少混凝土收缩和龟裂。

图 13-112　喷涂养护剂

（5）塑料模板施工技术：选用塑料模板（见图 13-113），具有周转次数多、安装施工速度快、拆模简捷、倒模效率高、混凝土成型平整光洁、表面质量好、回收简便等特点。

图 13-113　塑料模板

（6）五段式对拉螺栓应用技术：采用五段式对拉螺栓，配合横向龙骨对整个模板系统进行有效加固，保证剪力墙断面尺寸准确且螺栓孔处无漏浆现象（见图 13-114）。

（a）对拉螺栓安装　　　　　　　　　（b）安装后效果

图 13-114　五段式对拉螺栓

（7）绿色施工在线监控技术：现场设置环保监测仪（见图 13-115），实现对噪声、扬尘等数据的自动采集，并对环境 PM2.5 与 PM10、温度、湿度、风速、风向等进行实时监测。对数据进行统计分析，当超标时发出预警信号，促进项目精细化管理。

图 13-115　环保监测仪

（8）远程监控管理技术：采用物联网、计算机网络通信、视频数字压缩处理和视频监控等技术，通过安装在施工作业现场的各类传感装置，构建智能监控和防范体系，实现对"人机料法环"的全方位实时监控（见图13-116）。

（a）远程监控界面   （b）塔式起重机安全监控管理

图13-116 远程监控管理

（9）建筑信息模型技术：运用BIM技术，建立工程全专业模型（见图13-117）。BIM技术在本安装工程中的应用尤为广泛，主楼以病房居多，每层有约50间，各种功能性管线有十几种，且每间穿墙入户，吊顶内拥挤不堪，对各种线路的优化排布，以及管件、桥架的碰撞检测等尤为重要，需提前模拟施工。

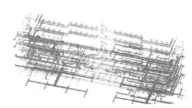

（a）建筑信息模型   （b）管线碰撞模拟

（c）建筑管线模拟   （d）实际管线施工

（e）可视化技术交底   （f）复杂节点的施工模拟

图13-117 建筑信息模型

（g）施工漫游　　　　　　　　　（h）BIM 虚拟样板间

图 13-117（续）

（10）变频施工设备应用技术：选用变频塔吊、逆变式电焊机等变频施工设备（见图 13-118），设备运行平稳，减少能耗，提高工效。

（a）塔吊变频器　　　　　　　　（b）逆变式电焊机

图 13-118　变频施工设备

（11）施工车辆出场自动清洗技术：施工现场出入口设置洗车机（见图 13-119），对出场施工车辆进行冲洗，洗车用水可循环利用。

图 13-119　洗车机

（12）全自动标准养护室（见图 13-120）用水循环利用技术：现场标养室内部设置温度和湿度传感器，自动控制养护用水的启停，地面设置排水沟与三级沉淀池相连，实现养护用水的循环重复利用。

图 13-120　全自动标准养护室

（13）封闭管道建筑垃圾垂直运输及分类收集技术：在建筑楼层内自下而上地设置封闭通道（见图 13-121），解决建筑垃圾回收处理的难题，既减少了施工投入，又起到了保护环境、文明施工的效果。

图 13-121　封闭式垃圾通道

（14）临时设施定型标准化技术：现场围栏、板房等临时设施采用标准化、工具化、定型化产品（见图 13-122），按照一定模数生产，可多次周转使用。

（a）板房　　　　　　　　　　　（b）围挡

图 13-122　临时设施定型化

（5）现场绿化综合技术：选择速生植物绿化品种对生活区、办公区进行绿化，利用施工余料自制可移动式盆栽绿化移动架，利用多孔广场砖铺设办公及生活区地面，美化环境、防止扬尘，如图 13-123 所示。

（a）永久绿化

（b）生活区绿化

（c）办公区绿化

（d）可移动盆栽

图 13-123　现场绿化综合技术

（16）现场降尘综合技术：现场对裸土进行覆盖，安排洒水车进行洒水，现场沿需喷淋降尘的区域周边设置喷淋管线并定时喷雾降尘，对材料运输车辆进行有效覆盖，防止扬尘，如图 13-124 所示。

（a）裸土覆盖

（b）洒水车

图 13-124　现场降尘综合技术

（c）自动喷淋系统　　　　　　（d）车辆覆盖

图 13-124（续）

（17）建筑垃圾减量化与资源化利用技术：分类收集施工全过程中产生的建筑垃圾，并重新利用，主要包括砌块废料破碎后用于回填或加工处理成再生骨料，钢筋废料用于制作马凳、排水沟盖板，废旧模板、木方拼接或用于现场安全防护设施、成品保护等，如图 13-125 所示。

（a）废钢筋分类　　　　　　（b）废弃物分类

（c）垃圾分类房　　　　　　（d）短木方接长

（e）砌块垃圾用于屋面找平层

图 13-125　建筑垃圾减量化与资源化

　　　（f）钢筋马镫　　　　　　　　（g）雨水箅子

　　　（h）楼梯封板　　　　　　　　（i）柱护角

图 13－125（续）

　　（18）非传统水源回收与利用技术：收集并储存雨水、基坑降水及其他可重复利用的回收水，根据适用条件用于冲厕、现场洒水控制扬尘及混凝土养护等，如图 13－126所示。

（a）雨水收集

（b）基坑降水收集

图 13－126　**非传统水源回收与利用**

（19）可再生能源综合利用技术：采用太阳能热水器和太阳能发电路灯（见图 13-127）。

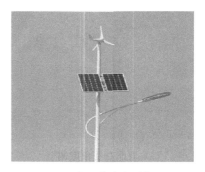

（a）太阳能热水器　　　　　　（b）太阳能发电路灯

图 13-127　可再生能源综合利用

（20）LED 灯应用技术：生活区、生产区临时照明采用具有高效、省电、寿命长、无辐射、节能、环保、冷发光等特点的 LED 灯（见图 13-128）。

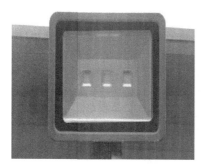

图 13-128　LED 灯使用

（21）生活办公区智能限电技术：生活办公区采用时控开关智能限电器（见图 13-129），对每个电源插座进行功率控制，禁止大功率电器的使用，既节能又保证用电安全。

（a）生活区限电器　　　　　　（b）电流限制自动控制器

图 13-129　生活办公区智能限电

13.6.2.2　自主创新绿色施工技术

（1）桥架万能弯头施工技术：桥架万能弯头采用单面（双面）半圆形结构，中间为转动轴，角度调节完成后，用桥架丝将四周固定（见图13-130）。弯头角度可以任意调节，加工简便，可批量生产，成本较低，适用范围广。

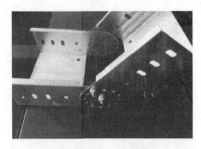

（a）万能弯头角度调节　　　　　　（b）施工后效果

图13-130　桥架万能弯头

（2）地漏安装施工技术：施工地漏时，预留 UPVC∅50 排水管，管道上部与混凝土层齐平，调整地漏排水管道管口与砂浆找平层的高度一致，卫生间 SBC 防水层返至排水管口内侧，不锈钢地漏直接安装在管道上（见图13-131）。

图13-131　地漏安装施工

（3）感应排水自动控制系统新技术：基坑降水时，在抽水电机与电源间加装控制系统，安装于抽水点的水位信号采集系统将水位信息采集后输出至控制系统，控制系统根据设定的参数控制电源通断，实现自动接通、断开抽水电机电源的功能，如图13-132所示。

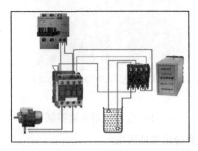

图13-132　感应排水自动控制系统

（4）提高高层建筑施工用水供水效率技术：主管路采用 DN32 钢管预埋至框柱内，随楼层柱钢筋绑扎同时进行预埋布控，每层用水接头采用安装线盒预埋三通，拆模后外接水龙头进行楼层施工用水，如图 13-133 所示。

（a）预留水管　　　　（b）高层无负压变频供水系统

图 13-133　高层建筑施工用水供水系统

（5）临建设施智能节能新型采暖方法：采用铸铁散热器进行室内采暖，智能加热装置中的电加热棒为核心原件，使单组铸铁散热器内的水逐步受热，利用水的大比热效应保持室内温度均匀稳定可延续，并通过注水口散发水汽，缓解干燥的工作环境，如图 13-134 所示。

 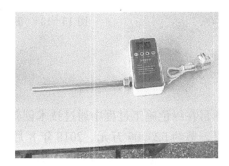

（a）现场组装　　　　　　（b）温控器

图 13-134　临建设施智能节能新型采暖

（6）新型模板支撑体系施工技术：立杆为竖向受力杆件，通过横杆拉结组成支架，立杆、横杆通过插头、插座、承插配合，形成结构尺寸规范（1200 mm、900 mm、600 mm）的模板支架（见图 13-135）。该支架的联结点能够承受弯矩、冲剪及扭矩，使之形成整体稳定性能良好的空间支架结构。主杠截面尺寸更加合理，工人更容易操作，锁具种类优化，更简便。

图 13—135　新型模板支撑体系

13.6.3　效果分析

　　该项目在绿色施工过程中通过技术创新与应用，在环境保护、资源节约方面取得了良好效果，节约 523.06 万元。2018 年 8 月 30 日通过"住建部绿色施工科技示范工程"验收，在山东省内起到了示范带头作用，一定程度上推动了区域内绿色施工理念的普及，提高了企业知名度，受到多方好评。